案例精讲课堂

Photoshop 2024图像处理
案例精讲课堂（微视频版）

赵红波　林黎明　主　编
　　　张　娟　副主编

清华大学出版社
北京

内 容 简 介

本书以通俗易懂的语言、翔实生动的案例全面介绍了 Photoshop 2024 图像处理的操作方法和技巧。全书共分 11 章，内容涵盖了 Photoshop 的基础操作、图像处理基础操作、图像的选取与填色、数字绘画与图像修饰、图像影调调整、图像色彩调整、蒙版与合成、图层混合与图层样式、矢量绘图、文字编辑与应用、使用滤镜制作特效等。

书中同步的案例操作教学视频可供读者随时扫码学习。本书具有很强的实用性和可操作性，既适合作为高等院校相关专业及各类社会培训机构的教材，也可作为广大初、中级计算机用户的首选参考书。

本书对应的电子课件和实例源文件可以到 http://www.tupwk.com.cn/aljjkt 网站下载，也可以扫描前言中的二维码推送配套资源到邮箱。扫描前言中的视频二维码可以直接观看教学视频。

本书封面贴有清华大学出版社防伪标签，无标签者不得销售。

版权所有，侵权必究。举报：010-62782989，beiqinquan@tup.tsinghua.edu.cn。

图书在版编目 (CIP) 数据

Photoshop 2024图像处理案例精讲课堂：微视频版 / 赵红波，林黎明主编. -- 北京：清华大学出版社, 2025.5. -- (案例精讲课堂).
ISBN 978-7-302-68981-2

Ⅰ . TP391.413

中国国家版本馆 CIP 数据核字第 2025EW8208 号

责任编辑：胡辰浩
封面设计：高娟妮
版式设计：妙思品位
责任校对：成凤进
责任印制：丛怀宇

出版发行：清华大学出版社

网　　址：https://www.tup.com.cn，https://www.wqxuetang.com
地　　址：北京清华大学学研大厦A座　　　邮　编：100084
社 总 机：010-83470000　　　　　　　　邮　购：010-62786544
投稿与读者服务：010-62776969，c-service@tup.tsinghua.edu.cn
质 量 反 馈：010-62772015，zhiliang@tup.tsinghua.edu.cn

印 装 者：三河市人民印务有限公司
经　　销：全国新华书店
开　　本：185mm×260mm　　印　张：14.75　　插　页：1　　字　数：377千字
版　　次：2025 年 5 月第 1 版　　印　次：2025 年 5 月第 1 次印刷
定　　价：89.00 元

产品编号：099184-01

　　熟练使用计算机已经成为当今社会不同年龄段人群必须掌握的一门技能。为了使读者在短时间内轻松掌握计算机各方面应用的基本知识，并快速解决生活和工作中遇到的各种问题，清华大学出版社组织了一批教学精英和业内专家特别为计算机学习用户量身定制了这套"案例精讲课堂系列"丛书。

丛书主要特色

■ 选题新颖，结构合理，案例精彩实用

　　本套丛书注重理论知识与实践操作的紧密结合，以案例教学为主导模式，在内容选择、结构安排上更加符合读者的认知习惯。丛书合理安排文字与配图的占用空间，在有限的篇幅内为读者提供更多的计算机知识和实战案例。丛书以高等院校及各类社会培训机构的教学需要为出发点，紧密结合学科的教学特点，由浅入深地安排章节内容，循序渐进地完成各种复杂知识的讲解，力求为读者带来良好的学习体验。

■ 配套资源丰富，教学视频边学边看

　　本套丛书提供书中案例操作的二维码教学视频，读者使用手机扫描下方的二维码，即可观看本书对应的同步教学视频。此外，本书配套的电子课件和实例源文件，可登录丛书的信息支持网站(http://www.tupwk.com.cn/aljjkt)下载后使用。用户也可以扫描下方的二维码推送配套资源到邮箱。

扫一扫，看视频

扫码推送配套资源到邮箱

本书内容介绍

　　本书从读者的学习兴趣和实际需求出发，合理安排知识结构，由浅入深、循序渐进，通过图文并茂的方式讲解使用Photoshop 2024进行图像处理的知识和操作方法。全书共分11章，主要内容如下：

第 1 章：介绍 Photoshop 工作区的设置以及查看图像文件的基本操作方法。
第 2 章：介绍使用 Photoshop 编辑图像的基本操作。
第 3 章：介绍使用 Photoshop 创建、编辑、填充、描边选区的操作方法及技巧。
第 4 章：介绍使用 Photoshop 绘画、修饰图像的操作方法及技巧。
第 5 章：介绍使用 Photoshop 调整图像影调的操作方法。
第 6 章：介绍使用 Photoshop 调整图像色彩的操作方法。
第 7 章：介绍 Photoshop 蒙版的使用与合成图像的方法及技巧。
第 8 章：介绍 Photoshop 图层混合与图层样式的使用方法及技巧。
第 9 章：介绍 Photoshop 的矢量绘图功能。
第 10 章：介绍使用 Photoshop 创建文字和编排版式的操作方法及技巧。
第 11 章：介绍使用滤镜制作各种特殊效果的方法与技巧。

读者定位和售后服务

　　本套丛书为所有从事计算机教学的老师和自学人员而编写，是一套适合高等院校及各类社会培训机构的优秀教材，也可作为初、中级计算机用户的首选参考书。

　　如果您在阅读这套丛书或使用电脑的过程中有疑惑或需要帮助，可以登录本丛书的信息支持网站 (http://www.tupwk.com.cn/aljjkt) 联系我们，本丛书的作者或技术人员会提供相应的技术支持。

　　本书分为 11 章，由赵红波、林黎明和张娟合作编写，其中赵红波编写了第 1、3、4、11 章，林黎明编写了第 5、8、9、10 章，张娟编写了第 2、6、7 章。由于作者水平有限，本书难免有不足之处，欢迎广大读者批评指正。我们的邮箱是 992116@qq.com，电话为 010-62796045。

编　者
2024 年 12 月

目录 CONTENTS

第 1 章 Photoshop 入门

- 课堂案例 1　熟悉工作界面 1
- 课堂案例 2　创建用于打印的 A4 文档 5
- 课堂案例 3　熟悉图像处理流程 7
- 课堂案例 4　查看图片细节 10
- 课堂案例 5　缩放图像显示比例 12

第 2 章 图像处理基础操作

- 课堂案例 1　调整图像以符合网店要求 13
- 课堂案例 2　修改画布大小 14
- 课堂案例 3　裁剪图像改变画面构图 15
- 课堂案例 4　拉直地平线 16
- 课堂案例 5　拉平带有透视的图像 17
- 课堂案例 6　自动去除多余背景 18
- 课堂案例 7　制作产品展示效果 18
- 课堂案例 8　制作整齐版式 19
- 课堂案例 9　制作名片模板 21
- 课堂案例 10　制作产品细节图 22
- 课堂案例 11　制作立体包装效果 24
- 课堂案例 12　制作户外广告牌 26
- 课堂案例 13　制作翻页文字 27
- 课堂案例 14　操控变形图像 31
- 课堂案例 15　调整建筑透视效果 32
- 课堂案例 16　制作超宽幅风景图 32
- 课堂案例 17　自动混合多张图像
　　　　　　　制作深海星空 34
- 课堂案例 18　借助辅助工具规划画册版面 35

第 3 章 图像的选取与填色

- 课堂案例 1　绘制矩形选区
　　　　　　制作艺术边框效果 39
- 课堂案例 2　绘制圆形选区
　　　　　　制作同心圆背景 40
- 课堂案例 3　使用"套索"工具
　　　　　　制作氛围光效果 41
- 课堂案例 4　使用"多边形套索"工具
　　　　　　制作撕纸效果 43
- 课堂案例 5　制作网点边框效果 44
- 课堂案例 6　使用"快速选择"工具
　　　　　　快速给外套换色 45
- 课堂案例 7　制作横版宠物产品广告 46
- 课堂案例 8　制作标题文字外轮廓 50
- 课堂案例 9　制作缝合线效果 51
- 课堂案例 10　制作拼图效果 53
- 课堂案例 11　制作穿插效果 55
- 课堂案例 12　使用"填充"命令混合图像 58
- 课堂案例 13　填充图案制作图案背景 59
- 课堂案例 14　填充历史记录制作景深效果 60
- 课堂案例 15　使用"油漆桶"工具
　　　　　　　更改界面颜色 62

| 课堂案例 16 | 使用"渐变"工具制作 H5 广告 .... 62 |

第 4 章　数字绘画与图像修饰

课堂案例 1	使用"画笔"工具绘制阴影 65
课堂案例 2	使用"画笔"工具制作烟雾效果 66
课堂案例 3	使用"颜色替换"工具更改物品颜色 67
课堂案例 4	使用"魔术橡皮擦"工具为模特更换背景 68
课堂案例 5	使用"画笔"工具制作光斑 70
课堂案例 6	绘制科技线条效果 71
课堂案例 7	使用笔刷制作艺术字体 73
课堂案例 8	使用"仿制图章"工具去除多余物体 77
课堂案例 9	使用"污点修复画笔"工具清除背景 79
课堂案例 10	使用"修补"工具 80
课堂案例 11	去除人物的红眼问题 81
课堂案例 12	移动画面元素 82
课堂案例 13	使用"历史记录画笔"工具进行磨皮 83
课堂案例 14	模糊环境突出主体 84
课堂案例 15	提升画面细节质感 85
课堂案例 16	使用"减淡"工具提亮肤色 85
课堂案例 17	使用"加深"工具增强画面对比度 87
课堂案例 18	使用"海绵"工具局部去色 87

第 5 章　图像影调调整

课堂案例 1	使用自动命令调整图像 89
课堂案例 2	提升画面对比度 90
课堂案例 3	增加画面层次感 91
课堂案例 4	调整逆光高反差画面 94
课堂案例 5	调整图像曝光度 97
课堂案例 6	修复曝光过度 98
课堂案例 7	还原画面细节 99

第 6 章　图像色彩调整

课堂案例 1	使用"色相/饱和度"命令制作单色海报 101
课堂案例 2	使用"Lab 颜色"命令制作黑金色调 103
课堂案例 3	使用"自然饱和度"命令制作中性灰色调 104
课堂案例 4	使用"色彩平衡"命令还原色彩 104
课堂案例 5	使用"照片滤镜"命令调整照片色调 105
课堂案例 6	使用"通道混合器"命令制作胶片效果 106
课堂案例 7	使用"黑白"命令制作双色照片 107
课堂案例 8	使用"渐变映射"命令制作暖色调效果 109
课堂案例 9	使用"可选颜色"命令制作清冷色调 110
课堂案例 10	使用"匹配颜色"命令制作梦幻色彩 112
课堂案例 11	使用"替换颜色"命令更改物品颜色 113

| 课堂案例 12 | 使用"HDR 色调"命令模拟 HDR 效果 .... 115 |

第 7 章 蒙版与合成

课堂案例 1	使用图层蒙版制作多重曝光效果 117
课堂案例 2	使用图层蒙版制作融化水果效果 118
课堂案例 3	制作多彩拼贴文字 120
课堂案例 4	制作地产广告 121
课堂案例 5	制作编织效果 127
课堂案例 6	使用矢量蒙版制作电商广告 ... 131
课堂案例 7	从通道生成蒙版 133

第 8 章 图层混合与图层样式

课堂案例 1	设置不透明度制作多层次广告 135
课堂案例 2	制作文字穿插人物海报 137
课堂案例 3	使用混合模式更改草地颜色 ... 138
课堂案例 4	使用图层样式制作糖果字 142
课堂案例 5	制作扁平化图标 148
课堂案例 6	制作玻璃质感文字效果 154
课堂案例 7	使用挖空功能制作拼贴照片 ... 156
课堂案例 8	使用混合颜色带合成图像 157
课堂案例 9	使用"样式"面板快速制作广告 159

第 9 章 矢量绘图

课堂案例 1	使用"钢笔"工具绘制剪纸效果 161
课堂案例 2	使用形状工具制作吊牌 163
课堂案例 3	使用"椭圆"工具绘制杂志版式 166
课堂案例 4	使用"多边形"工具制作优惠券领取界面 167
课堂案例 5	使用形状工具制作邮票 171
课堂案例 6	使用"路径操作"功能制作新年海报 173

第 10 章 文字编辑与应用

课堂案例 1	在照片上添加签名 175
课堂案例 2	使用文字工具制作广告 177
课堂案例 3	在特定区域内添加文字 179
课堂案例 4	使用路径文字制作海报 180
课堂案例 5	创建文字选区处理图像 182
课堂案例 6	制作闪屏页 184
课堂案例 7	栅格化文字制作文字彩旗 190
课堂案例 8	将文字转换为形状制作艺术字 193
课堂案例 9	创建文字路径制作霓虹字 194

第 11 章 使用滤镜制作特效

课堂案例 1	使用滤镜库制作手绘效果 199
课堂案例 2	校正照片的透视问题 200
课堂案例 3	使用"液化"滤镜制作塑料膜效果 202
课堂案例 4	制作压路文字效果 205
课堂案例 5	制作水波倒影效果 206
课堂案例 6	制作放射线背景 209
课堂案例 7	制作丁达尔光效果 211

课堂案例 8　制作飞驰效果 212	课堂案例 14　制作磨砂背景效果 219
课堂案例 9　制作星芒效果 213	课堂案例 15　制作路面积水效果 221
课堂案例 10　制作散景效果 214	课堂案例 16　制作雨天效果 223
课堂案例 11　制作移轴摄影效果 215	课堂案例 17　制作水墨效果 225
课堂案例 12　制作大光圈效果 216	课堂案例 18　制作素描效果 227
课堂案例 13　制作铜版雕刻复古海报 217	

第1章 Photoshop 入门

Photoshop是由Adobe Systems公司开发和发行的一款图像处理软件。Photoshop是一款专业的图像处理软件，是设计师必备的软件之一。本章主要讲解Photoshop的一些基础知识，包括认识Photoshop的工作界面，在Photoshop中进行新建、打开、置入、存储文件等基本操作，以及在Photoshop中查看图像细节的方法。

课堂案例1 熟悉工作界面

成功安装Photoshop之后，在程序菜单中找到并单击Adobe Photoshop选项，或双击桌面的Adobe Photoshop快捷方式，即可启动Photoshop。如果在Photoshop中进行过一些文档的操作，在主屏幕中会显示之前操作过的文档。

案例要点
- 工作界面的组成部分及功能
- 自定义工作界面

操作步骤

步骤 01　为了便于学习，我们在 Photoshop 2024 中，打开任意图像文件，即可显示"基本功能(默认)"工作区。该工作区由菜单栏、标题栏、选项栏、工具箱、状态栏、文档窗口及多个面板组成，如图 1-1 所示。

图 1-1

步骤 02 菜单栏由"文件""编辑""图像""图层""文字""选择""滤镜""3D""视图""增效工具""窗口""帮助"12类菜单组成，如图1-2所示，菜单中包含了操作时要使用的所有命令。要使用菜单中的命令，将鼠标指针指向菜单中的某项命令并单击，此时将显示相应的子菜单，在子菜单中上下移动鼠标进行选择，再单击要使用的菜单命令，即可执行该命令。图1-3所示为执行"滤镜"|"风格化"|"风"命令。

图1-2

图1-3

 提示内容

如果菜单命令显示为浅灰色，则表示该命令目前状态为不可执行；而带有 ▶ 符号的命令，表示该命令还包含多个子命令。有些命令右侧的字母组合代表该命令的键盘快捷键，按下该字母组合即可快速执行该命令，如图1-4所示；有些命令右侧只提供了快捷键字母，此时可以按下Alt键+主菜单右侧的快捷键字母，再按下命令后的快捷键字母，即可执行该命令。命令后面带省略号，则表示执行该命令后，工作区中将会显示相应的设置对话框，如图1-5所示。

图1-4　　　　　　　　图1-5

步骤 03 工具箱位于工作界面的左侧，所有工具都放置在工具箱中。要使用工具箱中的工具，只需单击该工具图标即可。如果某工具按钮图标右下方有一个三角形符号，则表示该工具还有弹出式的工具组。单击该工具按钮则会出现一个工具组，将鼠标移到工具图标上即可切换不同的工具，也可以按住Alt键单击工具按钮图标以切换工具组中不同的工具，如图1-6所示。另外，还可以通过快捷键来选择工具，工具名称后的字母即是工具快捷键。

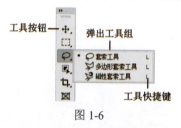

图1-6

步骤 04 选项栏在Photoshop的应用中具有非常重要的作用。它位于菜单栏的下方。当选中工具箱中的任意工具时，选项栏就会显示相应的工具属性设置选项。我们可以很方便地利用它来设置工具的各种属性。图1-7所示为在工具箱中单击"矩形选框"工具后显示的工具选项栏。

图1-7

第1章　Photoshop入门

提示内容

在选项栏中设置完参数后，如果想将该工具选项栏中的参数恢复为默认，可以右击选项栏左侧的工具图标，从弹出的快捷菜单中选择"复位工具"或"复位所有工具"命令，如图1-8所示。选择"复位工具"命令，即可将当前工具选项栏中的参数恢复为默认值。如果想将所有工具选项栏的参数恢复为默认设置，可以选择"复位所有工具"命令。

图1-8

步骤 05　文档窗口是显示图像内容的地方。打开的图像文件默认以选项卡模式显示在工作区中，其上方的标签会显示图像的相关信息，包括文件名、显示比例、颜色模式和位深度等，如图1-9所示。

步骤 06　状态栏位于文档窗口的下方，可以显示当前文档的尺寸，以及当前工具和窗口缩放比例等信息。单击状态栏中的 > 图标，可以设置要显示的内容，如图1-10所示。

图1-9

图1-10

步骤 07　面板是Photoshop工作区中经常使用的组成部分，主要用来配合图像的编辑、对操作进行控制以及设置参数等。默认情况下，面板位于工作区的右侧。对于一些未显示的面板，可以通过选择"窗口"菜单中相应的命令使其显示在工作区内，如图1-11所示。

图1-11

步骤 08　对于暂时不需要使用的面板，可以将其折叠或关闭，以增大文档窗口显示区域的面积。单击面板右上角的 按钮，可以将面板折叠为图标，如图1-12所示。单击面板右上角的 按钮可以展开面板。我们可以通过面板菜单中的"关闭"命令关闭面板，或选择"关闭选项卡组"命令关闭面板组，如图1-13所示。

提示内容

学习完本节，会打开一些不需要的面板，或打乱了工作区中的面板位置。一个一个地重新拖曳调整，费时又费力，这时可以选择"窗口"|"工作区"|"复位基本功能"命令，就可以将凌乱的工作区恢复到默认状态。

3

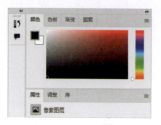   

图 1-12　　　　　　　　　　　　　　　图 1-13

步骤 09 Photoshop 应用程序中将二十几个功能面板进行了分组。显示的功能面板默认会被拼贴在固定区域。如果要将面板组中的面板移到固定区域之外，可以使用鼠标单击面板选项卡的名称位置，并按住鼠标左键将其拖动到面板组以外，将该面板变成浮动式面板，放置在工作区中的任意位置，如图 1-14 所示。

图 1-14

步骤 10 为了节省空间，我们也可以将组合的面板停靠在工作区右侧的边缘位置，或与其他的面板组停靠在一起。拖动面板组上方的标题栏或选项卡位置，将其移到另一组或一个面板上，当目标面板周围出现蓝色的边框时释放鼠标，即可将两个面板组合在一起，如图 1-15 所示。当看到一条水平的蓝色线条时，释放鼠标即可将该面板组停靠在其他面板或面板组的边缘位置。

步骤 11 选择"窗口"|"工作区"|"新建工作区"命令，可以将当前工作区的状态存储为可以随时使用的工作区。在弹出的"新建工作区"对话框中，为工作区设置一个名称，同时在"捕捉"选项组中选择修改过的工作区元素，接着单击"存储"按钮，即可存储当前工作区，如图 1-16 所示。再次选择"窗口"|"工作区"命令，在其子菜单下可以选择上一步自定义的工作区。

  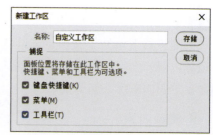

图 1-15　　　　　　　　　　　　　　　图 1-16

知识拓展

要删除工作区，选择"窗口"|"工作区"|"删除工作区"命令，在弹出的"删除工作区"对话框中选择需要删除的工作区名称后，单击"删除"按钮即可，如图1-17所示。

图 1-17

课堂案例 2　创建用于打印的 A4 文档

打开Photoshop后，要想进行设计作品的制作，就必须新建一个文档。新建文档之前，我们要考虑新建文档的尺寸、分辨率、颜色模式，然后在"新建文档"对话框中进行设置。而一些常用的尺寸可以直接利用"新建文档"对话框中的文档预设进行创建。

案例要点

- 使用"新建"命令
- 使用"存储"命令

操作步骤

步骤 01　选择菜单栏中的"文件"|"新建"命令，或按快捷键Ctrl+N，打开"新建文档"对话框。该对话框大致分为3部分：顶端是预设的尺寸选项卡；左侧是预设选项或最近使用过的项目；右侧是自定义选项区域，如图1-18所示。

步骤 02　单击"打印"选项卡标签，在显示的"空白文档预设"选项组中，单击A4选项，如图1-19所示。

图 1-18

图 1-19

步骤 03　这时右侧出现相应的尺寸，单击"方向"下面的图标按钮可以将文档设置为横向。由于文档需要用于打印，为了获得较高的清晰度，将"分辨率"设置为300像素/英寸，"颜色模式"设置为用于打印的"CMYK颜色"，然后单击"创建"按钮，如图1-20所示，即可得到用于打印的新文档，白色的区域就是文档的图像范围，如图1-21所示。

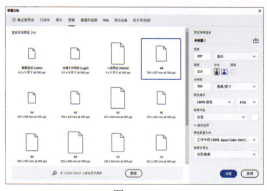
图 1-20

图 1-21

提示内容

如果我们需要制作特殊尺寸的文档，就需要在对话框的右侧区域进行设置。在右侧顶部的文本框中，可以输入文档名称，默认文档名称为"未标题-1"。

在"宽度""高度"数值框中，设置文件的宽度和高度，其单位有"像素""英寸""厘米""毫米""点"和"派卡"6个选项。

在"分辨率"选项组中，设置图像的分辨率大小，其单位有"像素/英寸"和"像素/厘米"两种。一般情况下，图像的分辨率越高，图像质量越好。但也不是任何时候都需要将分辨率设置为较高的数值。一般印刷品的分辨率为150~300dpi，高档画册的分辨率为350dpi以上，大幅的喷绘广告(5~10m)的分辨率为70~100dpi，巨幅喷绘的分辨率为25dpi，多媒体显示图像的分辨率为72dpi。当然分辨率的数值并不是一成不变的，需要根据计算机及印刷精度等实际情况进行设置。

在"颜色模式"下拉列表中选择文件的颜色模式及相应的颜色位深度。

在"背景内容"下拉列表中选择文件的背景内容，有"白色""黑色""背景色""透明"和"自定义"5个选项。我们也可以单击右侧的色板图标，打开"拾色器(新建文档背景颜色)"对话框自定义背景颜色。

单击"高级选项"右侧的 按钮，展开隐藏的选项。其中包含"颜色配置文件"和"像素长宽比"选项。在"颜色配置文件"下拉列表中可以为文件选择一个颜色配置文件；在"像素长宽比"下拉列表中可以选择像素的长宽比。一般情况下，保持默认设置即可。

对于经常使用的特殊尺寸文件，我们可以在设置完成后，单击名称栏右侧的 按钮，在显示"保存文档预设"后，在保存文档名称栏中输入自定义预设名称，然后单击"保存预设"按钮，即可在"已保存"选项卡的下方看到我们保存的文档预设，如图1-22所示。

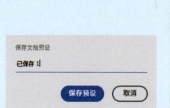

图 1-22

步骤 04 选择"文件"|"存储为"命令，或按 Shift+Ctrl+S 键打开"存储为"对话框进行保存。在打开的对话框中，可以指定文件的保存位置、保存名称和文件类型。在存储新建的文件时，默认格式为 Photoshop(*.PSD；*.PDD；*.PSDT)，如图1-23所示。选择该格式后，单击"保存"按钮，会弹出"Photoshop 格式选项"对话框，选中"最大兼容"复选框，可以保证在其他版本的 Photoshop 中能够正确打开该文档，最后单击"确定"按钮即可保存文档，如图1-24所示。也可以选中"不再显示"复选框，单击"确定"按钮，就可以每次都采用当前设置，并不再显示该对话框。

第 1 章　Photoshop 入门

 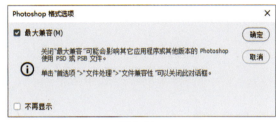

图 1-23　　　　　　　　　　　　　　　　　图 1-24

知识拓展

同时打开几个图像文件，窗口会占用一定的屏幕空间和系统资源。因此，在完成图像的编辑后，可以使用"文件"菜单中的命令，或单击窗口中的按钮关闭图像文件。Photoshop 提供了 4 种关闭文件的方法。

- 选择"文件"|"关闭"命令，或按 Ctrl+W 组合键，或单击文档窗口文件名旁的"关闭"按钮以关闭当前处于激活状态的文件。使用这种方法关闭文件时，其他文件不受任何影响。
- 选择"文件"|"关闭全部"命令，或按 Alt+Ctrl+W 组合键，可以关闭当前工作区中打开的所有文件。
- 选择"文件"|"关闭并转到 Bridge"命令，可以关闭当前处于激活状态的文件，然后打开 Bridge 操作界面。
- 选择"文件"|"退出"命令或者单击 Photoshop 工作区右上角的"关闭"按钮，可以关闭所有文件并退出 Photoshop。

课堂案例 3　熟悉图像处理流程

在 Photoshop 中，用户可以创建一个全新的空白文件，也可以打开计算机中的文件进行编辑。Photoshop 支持绝大多数图形和图像格式，并可以将文件保存为不同的格式，以便在其他软件中使用。

案例要点

- "打开"命令
- 置入图像素材
- "存储"命令

操作步骤

步骤 01　如果想要处理图像，或者继续编辑之前设计的文件，就需要在 Photoshop 中打开已有的文件。选择"文件"|"打开"命令，或按快捷键 Ctrl+O，然后在弹出的"打开"对话框中找到文件所在的位置，选择需要打开的文件，接着单击"打开"按钮，即可在 Photoshop 中打开该文件，如图 1-25 所示。

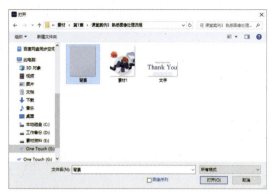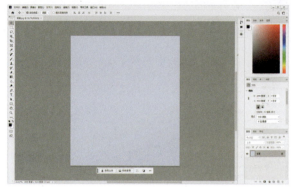

图 1-25

 提示内容

在"打开"对话框中,可以一次性选择多个文档进行打开。要打开多个文档,我们可以按住鼠标左键拖动框选多个文档,也可以按住 Ctrl 键单击选择多个文档,然后单击"打开"按钮。

默认情况下打开多个文档时,多个文档均合并在文档窗口中。将鼠标光标移动至文档名称上,按住鼠标左键向界面外拖动。释放鼠标后,文档即为浮动的状态,如图 1-26 所示。若要恢复为堆叠的状态,可以将浮动的窗口拖动至文档窗口上方,当出现蓝色边框后释放鼠标,即可完成文档的堆叠。

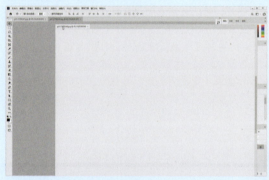

图 1-26

除了可以让文档窗口浮动,还可以通过设置窗口排列方式进行查看。选择"窗口"|"排列"命令,在弹出的子菜单中可以看到多种文档显示方式,选择适合自己的方式即可,如图 1-27 所示。

图 1-27

步骤 02 选择"文件"|"置入嵌入对象"命令,在打开的"置入嵌入的对象"对话框中选择需要置入的文件,单击"置入"按钮,如图 1-28 所示。

步骤 03　随即选择的文件会被置入当前文档内，此时置入的对象边缘会显示定界框和控制点。将光标移动至置入图像的上方，按住鼠标左键拖曳可以进行移动，如图 1-29 所示。

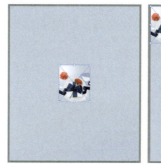

　　　　　　　图 1-28　　　　　　　　　　　　　图 1-29

知识拓展

　　置入嵌入的图像，会增加文件的大小，当文件过于复杂时会影响软件的运行速度。因此，我们可以选择"文件"|"置入链接的智能对象"命令，将所需的图像作为智能对象链接到当前文档中。

步骤 04　将光标定位在定界框四角以及边线中间处的控制点进行拖动，可以对置入图像的大小进行调整，向内拖动时缩小图像，向外拖动时放大图像，如图 1-30 所示。将光标移动至定界框角点外，光标变为↻形状后，按住鼠标左键拖曳，即可进行旋转。

步骤 05　调整完成后，按 Enter 键即可完成置入操作，也可以在文档窗口中单击浮动选项栏中的"完成"按钮。此时，"图层"面板中可以看到新置入的智能对象图层，如图 1-31 所示。

　　　　　图 1-30　　　　　　　　　　　　　　　图 1-31

知识拓展

　　置入后的素材图像会作为智能对象存在，在对图像进行移动、缩放或变形操作时不会降低图像的质量。但在智能对象上无法直接进行内容的编辑操作。创建智能对象后，可以根据需要修改它的内容。若要编辑智能对象，可以直接双击智能对象图层中的缩览图，在弹出的如图 1-32 所示的提示对话框中，单击"确定"按钮，即可将智能对象在相关软件中打开。在关联软件中修改完成后，只要重新存储，就会自动更新 Photoshop 中的智能对象。返回至编辑的图像文件，即可看到更新效果。

图 1-32

步骤 06 编辑图像文件后，选择"文件"|"存储为"命令，或按 Shift+Ctrl+S 键打开"存储为"对话框，在对话框中单击"存储副本"按钮。也可以选择"文件"|"存储副本"命令，或按快捷键 Alt+Ctrl+S，打开"存储副本"对话框。在该对话框中，指定文件的保存位置、保存名称和文件类型。如选择 TIFF 格式后，单击"保存"按钮，会弹出"TIFF 选项"对话框，这里单击"确定"按钮即可保存文档，如图 1-33 所示。

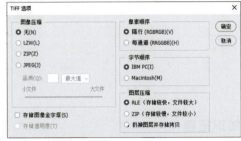

图 1-33

知识拓展

选择"文件"|"导出"|"快速导出为 PNG"命令，可以快速地将当前文件导出为 PNG 格式。这个命令还能快速将文件导出为其他格式。选择"文件"|"导出"|"导出首选项"命令，在打开的"首选项"对话框中可以设置快速导出的格式，在下拉列表中还可以选择 JPG、GIF 格式。选择不同的格式，在"首选项"对话框中可以进行相应参数的设置。如果设置为 JPG 格式，设置完成后在"文件"|"导出"菜单下就可以看到"快速导出为 JPG"命令，如图 1-34 所示。

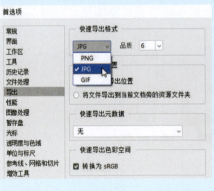
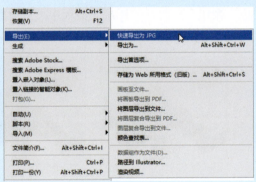

图 1-34

课堂案例4　查看图片细节

在 Photoshop 中编辑图像文件时，有时需要查看画面整体，有时需要放大显示画面局部，这时就可以使用工具箱中的"缩放"工具及"抓手"工具。

案例要点

- 使用"缩放"工具
- 使用"抓手"工具

第 1 章　Photoshop 入门

操作步骤

步骤 01　打开图像素材，选择工具箱中的"缩放"工具，将光标移到画面中，单击即可以单击的点为中心放大图像的显示比例，如需放大多倍，可以多次单击，如图 1-35 所示。也可以直接按 Ctrl 键和"+"键放大图像显示比例。

图 1-35

步骤 02　"缩放"工具既可以放大图像，也可以缩小图像，在"缩放"工具选项栏中可以切换工具的模式，单击"缩小"按钮可以切换到缩小模式。然后在画布中单击，可以缩小图像，如图 1-36 所示。也可以直接按 Ctrl 键和"-"键缩小图像显示比例。

步骤 03　当画面显示比例比较大的时候，有些局部可能就无法显示，这时可以使用工具箱中的"抓手"工具，在画面中按住鼠标左键并拖曳。此时，文档窗口中显示的图像区域随之产生变化，如图 1-37 所示。

图 1-36　　　　　　　　　　　　　　图 1-37

提示内容

在"缩放"工具选项栏中，还可以看到一些其他选项，如图 1-38 所示。

图 1-38

- "调整窗口大小以满屏显示"复选框：选中该复选框，在缩放窗口的同时可自动调整窗口的大小。
- "缩放所有窗口"复选框：选中该复选框，可以同时缩放所有打开的文档窗口中的图像。
- "细微缩放"复选框：选中该复选框，在画面中单击并向左侧或右侧拖动鼠标，能够以平滑的方式快速缩小或放大窗口。
- 100% 按钮：单击该按钮，图像以实际像素即 100% 的比例显示，也可以通过双击"缩放"工具来进行同样的调整。

- "适合屏幕"按钮：单击该按钮，可以在窗口中最大化显示完整的图像。
- "填充屏幕"按钮：单击该按钮，可以使图像充满文档窗口。

使用"缩放"工具缩放图像的显示比例时，通过选项栏切换放大、缩小模式并不方便，因此我们可以配合使用 Alt 键来切换。在"缩放"工具的放大模式下，按住 Alt 就会切换成缩小模式，释放 Alt 键又可恢复为放大模式状态。

课堂案例 5　缩放图像显示比例

编辑大尺寸的图像时，视图被放大以后，无论使用"抓手"工具还是"缩放"工具，都得进行多次操作才能将画面中心定位到需要编辑的区域。这种情况下，使用"导航器"面板可以更加方便地调整窗口中图像的显示比例，还可以对图像的显示区域进行移动选择。

案例要点
- 使用"导航器"面板

操作步骤

步骤 01　打开素材图像文件，选择"窗口"|"导航器"命令，打开"导航器"面板，如图 1-39 所示。

步骤 02　在"导航器"面板的缩放数值框中显示了窗口的显示比例，在数值框中输入数值可以更改显示比例，如图 1-40 所示。

图 1-39

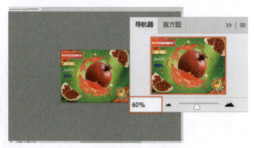
图 1-40

步骤 03　在"导航器"面板中单击"放大"按钮可放大图像在窗口的显示比例，单击"缩小"按钮则反之。我们也可以使用缩放比例滑块，调整图像文件窗口的显示比例。向左移动缩放比例滑块，可以缩小画面的显示比例；向右移动缩放比例滑块，可以放大画面的显示比例，如图 1-41 所示。在调整画面显示比例的同时，面板中的红色矩形框大小也会进行相应缩放。

步骤 04　当窗口中不能显示完整的图像时，将光标移至"导航器"面板的预览区域，光标会变为形状。单击并拖动鼠标可以移动画面，预览区域内的图像会显示在文档窗口的中心，如图 1-42 所示。

图 1-41

图 1-42

第2章 图像处理基础操作

Photoshop是典型的图层制图软件,在学习其他操作之前必须充分理解"图层"的概念,并熟练掌握图层的基本操作方法。然后在此基础上学习画板、剪切、复制、粘贴图像,图像的变形,以及辅助工具的使用方法等。

课堂案例1 调整图像以符合网店要求

尺寸是设计过程中非常重要的条件之一,例如户外广告、网页广告、淘宝主图、名片设计都有其特定的尺寸。除了在新建文档时可以设置准确的尺寸,还可以通过其他方法调整文档的尺寸。本例通过调整图像尺寸,介绍使用"图像大小"命令的方法。

案例要点

- 使用"图像大小"命令

操作步骤

步骤01 天猫主图要求尺寸为800像素×800像素,分辨率为72像素/英寸,JPEG格式,且图片大小不超过3MB。常用的图像素材都需要调整后才能使用。打开一幅素材图像,选择"图像"|"图像大小"命令,打开"图像大小"对话框。可以看到图像的"图像大小"为20.4M,"宽度"和"高度"均为2667像素,分辨率为300像素/英寸,如图2-1所示。

图 2-1

提示内容

"图像大小"对话框中的"尺寸"选项显示当前文档的尺寸。单击 按钮,在弹出的下拉列表中可以选择尺寸单位。如果要修改图像的大小,可以在"调整为"下拉列表中选择预设的图像大小。也可以在下拉列表中选择"自定"选项,然后在"宽度""高度"和"分辨率"数值框中输入数值。默认情况下选中"约束长宽比"按钮,修改"宽度"或"高度"数值时,另一个数值也会随之发生变化。修改图像大小后,新的图像大小会显示在"图像大小"对话框的顶部,原文件大小显示在括号内。

步骤 02 在"图像大小"对话框中，将"调整为"设置为"自定"选项，"分辨率"调整为72像素/英寸，"宽度"和"高度"改为800像素，如图2-2所示。

步骤 03 调整完成后，文件大小由20.4M降低为1.83M，然后单击"确定"按钮关闭对话框。尺寸修改完成后，选择"文件"|"存储"命令进行保存。此时图像尺寸已被调整到了目标大小。

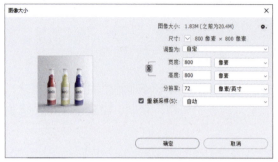

知识拓展

如果要设置的长宽比与现有图像的长宽比不同，则需要单击 🔒 按钮，使之处于未启用的状态。此时可以分别调整"宽度"和"高度"数值。但修改了数值后，可能会造成图像比例失调。如果要比例正确，需要选中 🔒 按钮，按照要求输入较长边的数值，使照片大小缩放到比较接近的尺寸。

图2-2

课堂案例2 修改画布大小

画布是指图像文件可编辑的区域，对画布的尺寸进行调整可以在一定程度上影响图像尺寸的大小。将一个长方形的图像更改为正方形，如果直接使用"图像大小"命令去更改尺寸，那么得到的图像肯定会出现"走形"的现象。如果想要保证图像不会发生变形，则需要先使用"图像大小"命令将宽度或高度设置为特定尺寸，然后通过"画布大小"命令将画布尺寸进行调整。使用"画布大小"命令可以增大或减小图像的画布大小。增大画布的大小会在现有图像画面周围添加空间。减小图像的画布大小会裁剪图像画面。

案例要点

- 使用"画布大小"命令

操作步骤

步骤 01 打开素材图像文件，选择"图像"|"画布大小"命令。在打开的"画布大小"对话框中，上方显示了图像文件当前的宽度和高度，如图2-3所示。

步骤 02 在"新建大小"选项组中重新设置，可以改变图像文件的宽度、高度和度量单位。如设置"宽度"和"高度"数值为800像素。在"定位"选项中，单击方向按钮设置当前图像在新画布上的位置，如图2-4所示。

图2-3   图2-4

提示内容

在"宽度"和"高度"数值框中输入数值,可以设置修改后的画布尺寸。如果选中"相对"复选框,"宽度"和"高度"数值代表实际增加或减少的区域大小,而不代表文档的大小。输入正值表示增大画布,输入负值则表示减少画布。

步骤 03 当"新建大小"大于"当前大小"时,可以在"画布扩展颜色"下拉列表中设置扩展区域的填充色。最后单击"确定"按钮应用修改。如果"新建大小"小于"当前大小"时,会打开询问对话框,提示用户若要减小画布必须将原图像文件进行裁切。单击"继续"按钮将改变画布大小,同时裁剪部分图像,如图 2-5 所示。

图 2-5

课堂案例 3 裁剪图像改变画面构图

想要裁剪画面中的部分内容,最便捷的方法就是使用"裁剪"工具,直接在画面中绘制出需要保留的区域即可。使用"裁剪"工具还可以根据具体的需求裁剪固定尺寸的图像。本例通过裁剪图像操作,讲解"裁剪"工具的使用方法。

案例要点

- 使用"裁剪"工具

操作步骤

步骤 01 打开素材文件,选择"裁剪"工具,此时画板边缘会显示控制点。将光标移到裁剪框的边缘或四角处,按住鼠标左键进行拖曳,即可调整裁剪框的大小,如图 2-6 所示。释放鼠标,完成裁剪框的绘制。

图 2-6

提示内容

若要旋转裁剪框,可将光标放置在裁剪框外侧,当光标变为带弧线的箭头形状时,按住鼠标左键拖动即可。调整完成后,按 Enter 键确认。旋转裁剪框并进行裁剪可以起到旋转画面的作用。

步骤 02 在选项栏的"比例"下拉列表中，可以选择多种预设的裁剪比例选项，如图 2-7 所示。如果想要按照特定的尺寸进行裁剪，则可以在该下拉列表中选择"宽 × 高 × 分辨率"选项，在右侧数值框中输入宽度、高度和分辨率的数值。如设置"宽度"和"高度"数值为 900 像素，"分辨率"数值为 72 像素／英寸。此时，裁剪框变为了 900 像素 ×900 像素大小。移动文件，会发现裁剪框是固定不变的，移动的只是图像。移动图像到合适的位置后，按 Enter 键确认裁剪，如图 2-8 所示。要想随意裁剪，则需要单击"清除"按钮，清除长宽比。

图 2-7　　　　　　　　　　图 2-8

课堂案例 4　拉直地平线

在拍摄照片时，经常会由于相机倾斜而导致照片的地平线倾斜问题，尤其是在场景较大的画面中，地平线是否水平尤为重要。使用"裁剪"工具的选项栏中的"拉直"按钮，可以轻松解决这个问题。

案例要点

- 使用"裁剪"工具

操作步骤

步骤 01 打开一幅素材图像，选择"裁剪"工具，接着在选项栏中单击"拉直"按钮，然后沿地平面的位置按住鼠标左键拖曳，如图 2-9 所示。

步骤 02 释放鼠标后，可以看到图像的倾斜问题已经被解决，如图 2-10 所示，最后按 Enter 键确认即可。

图 2-9　　　　　　　　　　图 2-10

第 2 章　图像处理基础操作

提示内容

单击选项栏中的"叠加选项"按钮后，可以从出现的下拉列表中选择叠加参考线的方式，包括三等分、网格、对角、三角形、黄金比例、金色螺线等；也可以设置参考线的叠加显示方式，包括自动显示叠加、总是显示叠加、从不显示叠加等。

课堂案例5　拉平带有透视的图像

"透视裁剪"工具可以在对图像进行裁剪的同时，调整图像的透视效果。该工具常用于去除图像中的透视感，也可以为图像添加透视感。本例介绍使用"透视裁剪"工具改变图像透视效果。

案例要点

- 使用"透视裁剪"工具

操作步骤

步骤 01 打开一幅带透视感的图像，选择"透视裁剪"工具，在画面相应的位置单击，接着沿图像边缘以单击的方式绘制透视裁剪框。将鼠标光标移至透视裁剪框的控制点，按住鼠标左键并拖曳，即可调整控制点位置，如图 2-11 所示。

步骤 02 透视裁剪框调整完成后，按 Enter 键完成裁剪，可以看到原本带有透视感的对象被调整为了平面效果，如图 2-12 所示。

图 2-11

图 2-12

步骤 03 如果以当前图像透视的反方向绘制裁剪框，则能够强化图像的透视效果，如图 2-13 所示。

图 2-13

17

课堂案例 6　自动去除多余背景

"裁切"命令可以根据像素颜色差别裁剪画布。例如在拍摄商品时经常会使用单色背景，并且场景会拍摄得大一些，对于这类图片可以使用"裁切"命令，快速将画面中具有相同像素的区域进行裁切，只保留画面的主体。

案例要点

- 使用"裁切"命令

操作步骤

步骤 01　打开一幅图像文件，选择"图像"|"裁切"命令，打开"裁切"对话框，如图 2-14 所示。

步骤 02　在"裁切"对话框中，选中"左上角像素颜色"单选按钮，选中"裁切"选项组中的"顶"和"底"复选框，然后单击"确定"按钮，即可裁切图像，如图 2-15 所示。

图 2-14　　　　　　　　　　　　　　　　　　　　图 2-15

提示内容

当画面中包含像素空白区域时，"裁切"对话框中的"透明像素"选项才会被激活。选择该选项后单击"确定"按钮，裁切后只保留带有像素的区域，但画板仍为矩形。

课堂案例 7　制作产品展示效果

在进行平面设计时，有些元素会被重复使用，以达到某种效果。如果一个一个进行绘制不仅会浪费大量的时间，而且也不能保证制作出来的对象效果完全相同。因此，借助复制"图层"功能，将相同的图层进行复制来制作多层次的效果，可以让设计整体协调统一。

案例要点

- 复制图层操作

操作步骤

步骤 01　打开一个包含多个图层的图像文件，在"图层"面板中选择需要复制的图层，如图 2-16 所示。

步骤 02　按 Ctrl+J 键可以快速复制所选图层，然后使用"移动"工具将复制的图层拖到相应位置后释放鼠标即可完成移动，如图 2-17 所示。

第 2 章　图像处理基础操作

图 2-16

图 2-17

提示内容

选择图层：在"图层"面板中单击一个图层，即可将其选中。如果要选择多个连续的图层，可以选择连续图层的第一个图层，然后按住 Shift 键单击连续图层的最后一个图层，即可选择这些连续的图层。如果要选择多个非连续的图层，可以选择其中一个图层，然后按住 Ctrl 键单击其他图层名称。

取消选择图层：如果用户不想选择图层，可选择"选择"|"取消选择图层"命令，另外也可在"图层"面板的空白处单击，取消选择所有图层。

新建图层：在"图层"面板底部单击"创建新图层"按钮 ，即可在当前图层的上一层新建一个图层。我们也可以在"新建图层"对话框中对图层进行设置。按住 Alt 键单击"图层"面板底部的"创建新图层"按钮，打开"新建图层"对话框。在该对话框中进行设置后，单击"确定"按钮即可创建新图层。

删除图层：选择需要删除的图层，将其拖动至"图层"面板底部的"删除图层"按钮上，释放鼠标，即可删除所选择的图层；也可以按键盘上的 Delete 键，将其直接删除。

调整图层顺序：选择一个图层后，按住鼠标左键并向上层或向下层拖曳，即可调整图层顺序。用户还可以通过快捷键快速调整图层的排列顺序。选中图层后，按 Shift+Ctrl+] 组合键可将图层置为顶层，按 Shift+Ctrl+[组合键可将图层置为底层；按 Ctrl+] 组合键可将图层前移一层，按 Ctrl+[组合键可将图层后移一层。

移动图层：使用"移动"工具在画面中按住鼠标左键拖曳，即可移动图层。在使用"移动"工具移动对象的过程中，按住 Shift 键可以沿水平或垂直方向移动对象。在使用"移动"工具移动图像时，按住 Alt 键拖曳图像，可以复制图层。

创建图层组：单击"创建新组"按钮 ，可以创建新的图层组。创建的图层组可以包含多个图层，包含的图层可作为一个对象进行查看、复制、移动和调整顺序等操作。

合并图层：想要将多个图层合并为一个图层，可以在"图层"面板中单击选中某一个图层，然后按住 Ctrl 键加选需要合并的图层，选择"图层"|"合并图层"命令，或按 Ctrl+E 键。

盖印图层：盖印图层操作可以将多个图层的内容合并为一个目标图层，并且同时保持合并的原图层独立、完好。选中多个图层，然后按 Ctrl+Alt+E 组合键，可以将这些图层中的图像盖印到一个新的图层中，而原始图层的内容保持不变。

课堂案例 8　制作整齐版式

在版面的编排中，有一些元素是必须对齐的，如界面设计中的按钮、版面中规律分布的图案等。使用"对齐"功能可以将多个图层对象排列整齐。使用"分布"功能可以将所选的图层以上下、左右两端的对象为起点和终点，将所选图层在这个范围内进行均匀排列。本例通过制作整齐版式效果，介绍"对齐"与"分布"功能。

案例要点

- 对齐与分布

操作步骤

步骤 01 选择"文件"|"打开"命令，打开所需的图像文件。选择"移动"工具，按住 Alt+Ctrl+Shift 键移动并复制出另外 3 张照片，如图 2-18 所示。

图 2-18

步骤 02 在"图层"面板中选中所有证件照图像图层，并在选项栏中单击"水平分布"按钮 即可均匀分布图像，如图 2-19 所示。

步骤 03 按住 Alt+Ctrl+Shift 键，同时使用"移动"工具向下移动复制 4 张证件照图像，完成证件照版式的制作，如图 2-20 所示。

图 2-19　　　　　　　　　　　　　　图 2-20

提示内容

使用对齐功能可以将多个图层对象排列整齐。

- "左对齐"按钮：单击该按钮，可以将所有选中的图层最左端的像素与基准图层最左端的像素对齐。
- "水平居中对齐"按钮：单击该按钮，可以将所有选中的图层水平方向的中心像素与基准图层水平方向的中心像素对齐。
- "右对齐"按钮：单击该按钮，可以将所有选中的图层最右端的像素与基准图层最右端的像素对齐。
- "顶对齐"按钮：单击该按钮，可以将所有选中的图层最顶端的像素与基准图层最上方的像素对齐。
- "垂直居中对齐"按钮：单击该按钮，可以将所有选中的图层垂直方向的中心像素与基准图层垂直方向的中心像素对齐。
- "底对齐"按钮：单击该按钮，可以将所有选中的图层最底端的像素与基准图层最下方的像素对齐。

使用分布图层功能，可以均匀分布图层和组，使图层对象或组对象之间按照指定的距离或对齐点进行自动分布。

- "按顶分布"按钮：单击该按钮，可以从每个图层的顶端像素开始，间隔均匀地分布图层。
- "垂直居中分布"按钮：单击该按钮，可以从每个图层的垂直中心像素开始，间隔均匀地分布图层。
- "按底分布"按钮：单击该按钮，可以从每个图层的底端像素开始，间隔均匀地分布图层。
- "按左分布"按钮：单击该按钮，可以从每个图层的左端像素开始，间隔均匀地分布图层。
- "水平居中分布"按钮：单击该按钮，可以从每个图层的水平中心像素开始，间隔均匀地分布图层。
- "按右分布"按钮：单击该按钮，可以从每个图层的右端像素开始，间隔均匀地分布图层。
- "垂直分布"按钮：单击该按钮，可以根据所选图层的垂直方向，自动调整各图层之间的距离，使它们在垂直轴上间隔均匀地分布。
- "水平分布"按钮：单击该按钮，可以根据所选图层的水平方向，自动调整各图层之间的距离，使它们在水平轴上间隔均匀地分布。

课堂案例9　制作名片模板

在一个文档中可以创建多个画板，它就像一本书的页面一样。如果要制作多页画册或者两面都带有内容的设计项目时，就可以创建多个画板，这样在制作的时候互不影响，并且方便查看预览效果。例如在制作VI画册时，通常会创建一个特定的版面格式，然后通过复制的方法添加到其他画板中，快速得到统一的效果。本例通过制作名片模板，介绍"画板"工具的使用方法。

案例要点

- 使用"画板"工具

操作步骤

步骤 01 选择"文件"|"新建"命令，在打开的"新建文档"对话框中设置"宽度"为90毫米。"高度"为55毫米，"分辨率"为300像素/英寸，选中"画板"复选框，设置完成后单击"创建"按钮，如图2-21所示。

步骤 02 此时创建的文档自动带有一个画板，且在"图层"面板中出现"画板1"，如图2-22所示。

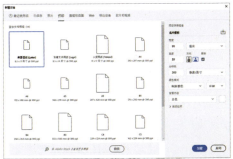

图 2-21　　　　　　　　　　图 2-22

步骤 03 选择"画板"工具，此时"画板1"的四周出现"添加新画板"图标，单击画板边缘的，可以新建一个与当前画板等大的新画板，如图2-23所示。或按住Alt键单击"添加新画板"图标，可以新建画板，同时复制画板中的内容。

步骤 04 向画板中添加名片的正反面内容。单击选择"画板1"，选择"文件"|"置入嵌入对象"

命令，将素材置入画板中。调整大小使其充满整个画面，如图 2-24 所示。然后按 Enter 键完成置入，并将该图层进行栅格化处理。

步骤 05 单击选择"画板 2"，选择"文件"|"置入嵌入对象"命令，将素材置入画板中。调整大小使其充满整个画面，如图 2-25 所示。然后按 Enter 键完成置入，并将该图层进行栅格化处理。

 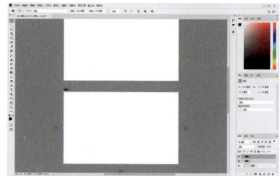

图 2-23

图 2-24　　　　　　　　　　　　　　　　图 2-25

课堂案例 10　制作产品细节图

复制、粘贴是设计项目时经常使用的功能。复制是保留原始对象并复制到剪贴板中备用；粘贴则是将剪贴板中的对象提取到当前位置。本例通过制作产品细节图，介绍"复制"和"粘贴"命令的使用方法。

案例要点

● 使用"复制"和"粘贴"命令

操作步骤

步骤 01 打开素材图像文件，在"图层"面板中，按 Ctrl 键单击"矩形 3"图层缩览图，载入选区。然后，在"图层"面板中选中"图层 1"图层，如图 2-26 所示。

 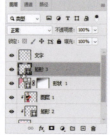  

图 2-26

第 2 章 图像处理基础操作

步骤 02 在工具箱中选择"矩形选框"工具，按住鼠标左键，拖动选区至需要截取的产品细节位置，如图 2-27 所示。

步骤 03 选中产品细节后，按 Ctrl+C 键进行复制，接着按 Ctrl+V 键进行粘贴，并生成新图层"图层 2"。按 Shift+Ctrl+] 组合键将"图层 2"放置到"图层"面板最上方。使用"移动"工具调整细节图位置，如图 2-28 所示。

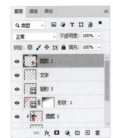

图 2-27   图 2-28

知识拓展

"复制"和"粘贴"命令经常使用，一定要熟记其快捷键。在对图形使用 Ctrl+C 键和 Ctrl+V 键进行复制和粘贴时，复制的图形会在原始图形上方，但不会重合。如果要进行原位粘贴，让两个图形完全重合在一起，可以使用 Shift+Ctrl+V 组合键。

剪切就是暂时将选中的像素放入计算机的"剪贴板"中，而选择区域中的像素会消失。通常"剪切"命令与"粘贴"命令一起使用。选择一个普通图层，并使用选区工具创建一个选区。然后选择"编辑"|"剪切"命令，或按快捷键 Ctrl+X，可以将选区中的内容剪切到剪贴板上，此时原始位置的图像就消失了，如图 2-29 所示。

图 2-29

合并复制就是将文档中所有可见图层复制并合并到剪贴板中。打开一个包含多个图层的文档，如图 2-30 所示。选择"选择"|"全部"命令，或按快捷键 Ctrl+A 全选当前图像。然后选择"编辑"|"合并拷贝"命令，或按 Shift+Ctrl+C 组合键，将所有可见图层复制并合并到剪贴板。接着新建一个空白文档，按快捷键 Ctrl+V，可以将合并复制的图像粘贴到当前文档中，如图 2-31 所示。

图 2-30   图 2-31

课堂案例 11　制作立体包装效果

在制图过程中，经常需要调整图层的大小、角度，有时也需要对图层的形态进行扭曲、变形，这些都可以通过"自由变换"命令来实现。选中需要变换的图层，选择"编辑"|"自由变换"命令，即可进入自由变换状态。本例通过制作立体包装效果，介绍"自由变换"命令的使用方法。

案例要点

- 使用"自由变换"命令

操作步骤

步骤 01　打开一个带有多个图层的图像文件，选择"文件"|"置入嵌入对象"命令，将所需的素材文件置入页面中，如图 2-32 所示。

图 2-32

步骤 02　在"图层"面板中，栅格化素材图层并设置图层混合模式为"正片叠底"，如图 2-33 所示。按 Ctrl+T 键调出定界框，在选项栏中单击"在自由变换和变形模式之间切换"按钮，显示网格后调整外观，如图 2-34 所示。

图 2-33　　　　　　　　　　　图 2-34

步骤 03　为了让素材更加符合要求，在选项栏中单击"垂直拆分变形"按钮，增加网格并调整外观，如图 2-35 所示。

步骤 04　在"图层"面板中，选中 Can 图层，按 Ctrl+J 键复制图层，并将其放置在图层组最上方。然后设置图层"混合模式"为"叠加"，"不透明度"为 50%，如图 2-36 所示。

图 2-35　　　　　　　　　　　图 2-36

步骤 05 在"图层"面板中，按 Ctrl+J 键复制 Can 图层组，将其下移一层。按 Ctrl+T 键调出定界框，然后调整图层组的位置及大小，如图 2-37 所示。再次复制图层组，并将图层组移至画面右侧，完成效果如图 2-38 所示。

图 2-37　　　　　　　　　　　图 2-38

提示内容

　　选中需要变换的图层，选择"编辑"|"自由变换"命令，或按 Ctrl+T 键，此时图层对象周围会显示一个定界框，且 4 个角点处以及 4 条边框的中间都有控制点。完成变换后，需按 Enter 键确认。如果要取消正在进行的变换操作，可以按 Esc 键。

　　默认情况下，选项栏中"水平缩放"和"垂直缩放"处于约束状态。此时拖动控制点，可以对图层进行等比例的放大或缩小，如图 2-39 所示。

　　将光标移至控制点外侧，当其变为弧形的双箭头形状后，按住鼠标左键拖动可以进行旋转，如图 2-40 所示。在旋转过程中，按住 Shift 键，可以 15°为增量进行旋转。

图 2-39　　　　　　　　　　　图 2-40

　　在自由变换状态下，右击鼠标，在弹出的快捷菜单中选择"斜切"命令，然后按住鼠标左键拖动控制点，可以在任意方向上倾斜图像，如图 2-41 所示。如果移动光标至角控制点上，按下鼠标并拖动，可以在保持其他 3 个角控制点位置不动的情况下对图像进行倾斜变换操作。如果移动光标至边控制点上，按下鼠标并拖动，可以在保持与选择边控制点相对的定界框边不动的情况下进行图像倾斜变换操作。

　　在自由变换状态下，右击鼠标，在弹出的快捷菜单中选择"扭曲"命令，可以任意拉伸对象定界框上的 8 个控制点以进行自由扭曲变换操作，如图 2-42 所示。

图 2-41　　　　　　　　　　　　图 2-42

在自由变换状态下，右击鼠标，在弹出的快捷菜单中选择"透视"命令，可以对变换对象应用单点透视。拖动定界框4个角上的控制点，可以在水平或垂直方向上对图像应用透视，如图2-43所示。

在自由变换状态下，右击鼠标，在弹出的快捷菜单中选择"变形"命令，拖动网格线或控制点，可以进行变形操作，如图2-44所示。

图 2-43　　　　　　　　　　　　图 2-44

课堂案例 12　制作户外广告牌

当展示广告制作完成后，为了使客户能够更直观地感受到广告的效果，通常会制作一个展示效果给客户观看。例如，可以拍摄广告投放场地的照片，并将制作好的平面图放在其中。而拍摄的广告牌大多都是带有透视关系的，想要将平面图放在带有透视关系的广告牌中，就需要进行扭曲操作。

案例要点

- 使用"扭曲"命令

操作步骤

步骤 01　打开素材文件，选择"文件"|"置入嵌入对象"命令，将"素材 1"文件置入画面，适当降低该图层的不透明度，将下方的广告牌显示出来，以便后续操作，如图 2-45 所示。

图 2-45

步骤 02　按 Ctrl+T 键调出定界框，右击并选择"扭曲"命令，将光标放在定界框右上角的控制点上，按住鼠标左键向左下角拖曳。在当前扭曲状态下，对其他 3 个角的控制点进行操作，使其与户外广告牌的外形轮廓相吻合，如图 2-46 所示。操作完成后，按 Enter 键确认。

第 2 章　图像处理基础操作

图 2-46

步骤 03　使用相同的方法，置入"素材 2"文件，按 Ctrl+T 键调出定界框，然后根据广告牌的外形轮廓进行变换，完成效果如图 2-47 所示。

步骤 04　选中两个素材图层，在"图层"面板中设置"混合模式"为"正片叠底"，如图 2-48 所示。

图 2-47　　　　　　　　　　　　　　　　　图 2-48

课堂案例 13　制作翻页文字

在平面设计中添加立体变换效果能够增加画面的空间感和真实感，使画面效果更加丰满，代入感更强。本例通过制作翻页文字效果，介绍变换图像操作。

案例要点

● 变换图像

操作步骤

步骤 01　新建一个"宽度"为 1280 像素、"高度"为 1811 像素的文档，将前景色设置为 R:173　G:217　B:194，并按 Alt+Delete 快捷键填充背景，如图 2-49 所示。使用"横排文字"工具输入文字，在浮动工具选项栏中设置字体样式、字体大小、颜色，如图 2-50 所示。

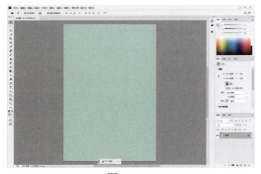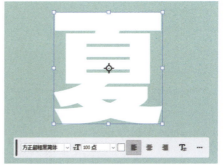

图 2-49　　　　　　　　　　　　　　　　　图 2-50

步骤 02　在"图层"面板中，右击文字图层，在弹出的快捷菜单中选择"转换为形状"命令，然后将文字图层复制两次，分别命名为"文字""投影"和"底图"，如图2-51所示。

图 2-51

步骤 03　在"图层"面板中，隐藏"文字"图层视图，双击"投影"图层缩览图，打开"拾色器(纯色)"对话框，设置一个比背景颜色深一点的颜色，如图2-52所示。

步骤 04　按 Ctrl+T 键调出定界框，然后按住 Ctrl 键拖动右侧锚点向下斜切图像，如图2-53所示。

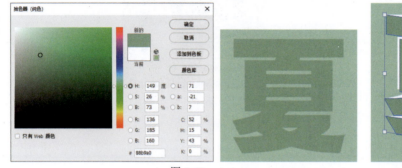 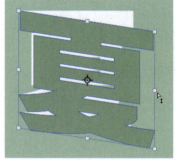

图 2-52　　　　　　　　　　　图 2-53

步骤 05　选择"滤镜"|"模糊画廊"|"移轴模糊"命令，打开"移轴模糊"工作区，旋转模糊轴角度，将中心点移至合适位置，并适当调整模糊数值，然后单击"确定"按钮应用，效果如图2-54所示。确定模糊效果后，在"图层"面板中将混合模式改为"正片叠底"，如图2-55所示。

图 2-54　　　　　　　　　　　图 2-55

步骤 06　在"图层"面板中，选中"底图"图层，选择"文件"|"置入嵌入对象"命令，置入插画素材，并创建剪贴蒙版，如图2-56所示。

步骤 07　双击"底图"图层，打开"图层样式"对话框。在该对话框中，选中"内阴影"选项，设置"混合模式"为"正常"，"不透明度"为41%，"角度"为77度，"距离"为6像素，"阻塞"为4%，"大小"为10像素，单击"确定"按钮，如图2-57所示。

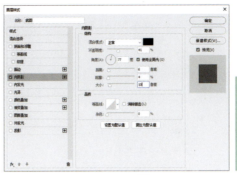

图 2-56 图 2-57

步骤 08 显示"文字"图层视图,将颜色改为背景色,如图 2-58 所示。

步骤 09 按 Ctrl+T 键调出定界框,按 Ctrl 键拖动右侧锚点向上斜切。然后右击鼠标,在弹出的快捷菜单中选择"变形"命令,调整网格做出翻页效果,如图 2-59 所示。

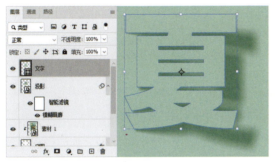

图 2-58　　　　　　　　　　　　　　　图 2-59

> **提示内容**
>
> 在"变形"工具选项栏中,"拆分"选项用来创建变形网格线,包含"交叉拆分变形""垂直拆分变形"和"水平拆分变形"3 种方式。单击"交叉拆分变形"按钮,将光标移到定界框内单击,可以同时创建水平和垂直方向的变形网格线,接着拖动控制点可以进行变形。
>
> 单击"网格"按钮,在下拉列表中能够选择网格的数量,如选择 3×3,可以看到相应的网格线,如图 2-60 所示。拖动控制点可以进行更加细致的变形操作。
>
> 单击"变形"按钮,在下拉列表中有多种预设的变形方式,如图 2-61 所示。单击选择一种后,在选项栏中可更改"弯曲"、H 和 V 的参数。

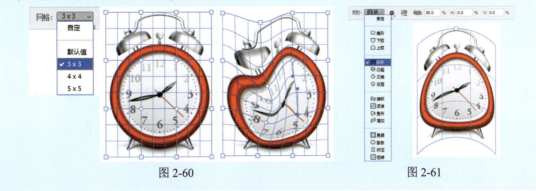

图 2-60　　　　　　　　　　　　　　　图 2-61

步骤 10 在"图层"面板中,新建一个空白图层,向下创建剪贴蒙版,如图 2-62 所示。选择"渐变"工具,拉一个从白色到透明的渐变,做出高光效果,如图 2-63 所示。

图 2-62　　　　　　　　　　　图 2-63

步骤 11　双击"文字"图层，打开"图层样式"对话框。在该对话框中，选中"内阴影"选项，设置"混合模式"为"正常"，颜色为 R:144 G:183 B:162，"不透明度"为 60%，"角度"为 -46 度，取消选中"使用全局光"复选框，设置"距离"为 3 像素，"阻塞"为 6%，"大小"为 0 像素，然后单击"确定"按钮，如图 2-64 所示。选中步骤 (1) 至步骤 (11) 创建的文字效果对象，按 Ctrl+G 键编组对象，如图 2-65 所示。

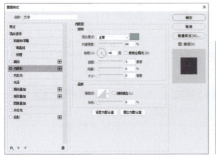

图 2-64　　　　　　　　　　　　　　　　图 2-65

步骤 12　使用同样的方法完成其他文字效果的制作，再调整两组文字效果，如图 2-66 所示。
步骤 13　打开一幅素材图像，使用"魔术橡皮擦"工具在图像背景区域单击去除背景，如图 2-67 所示。

图 2-66　　　　　　　　　　　图 2-67

步骤 14　将素材图像拖入创建的文档中，适当调整大小，并在"图层"面板中设置混合模式为"正片叠底"，"不透明度"为 40%，如图 2-68 所示。

步骤 15 按 Ctrl+J 键复制素材图像，调整其位置及大小，如图 2-69 所示。选择"文件"|"置入嵌入对象"命令，置入其他素材图像，完成后的排版效果如图 2-70 所示。

图 2-68　　　　　　　　　　　图 2-69　　　　　　　　　图 2-70

课堂案例 14　操控变形图像

"操控变形"命令通常用来修改人物的动作、发型等，该功能通过可视网格以添加控制点的方法扭曲图像。

案例要点

- 使用"操控变形"命令

操作步骤

步骤 01 打开素材文件，选择需要变形的图层，选择"编辑"|"操控变形"命令，图像上将布满网格，如图 2-71 所示。

步骤 02 在网格上单击添加"图钉"，这些"图钉"就是控制点。接下来，拖动图钉就能进行变形操作了，如图 2-72 所示。还可以按住 Shift 键单击加选图钉，然后拖曳进行变形。

图 2-71　　　　　　　　　　　　　图 2-72

提示内容

调整过程中，如果需要删除图钉，可以按住 Alt 键，将光标移到要删除的图钉上，此时光标显示剪刀图标，单击即可删除图钉。调整完成后，按 Enter 键确认。添加的图钉越多，变形的效果越精确。添加图钉的位置也会影响变形的效果。

课堂案例 15　调整建筑透视效果

"透视变形"可以根据图像现有的透视关系进行透视调整。当我们想要矫正某张带有明显透视问题的照片时,使用"透视变形"命令进行调整非常适合。

案例要点

- 使用"透视变形"命令

操作步骤

步骤 01　打开一幅图像,选择"编辑"|"透视变形"命令,然后在画面中单击或按住鼠标左键拖动,绘制透视变形网格,如图 2-73 所示。根据透视关系拖动控制点,调整透视变形网格,如图 2-74 所示。

图 2-73

图 2-74

步骤 02　在另一侧按住鼠标左键拖动绘制透视网格,当两个透视变形网格交叉时会有高亮显示。释放鼠标后,会自动贴齐,如图 2-75 所示。

步骤 03　单击选项栏中的"变形"按钮,然后拖动控制点进行变形。随着控制点的调整,画面中的透视也在发生着变化。或单击"自动拉直接近垂直的线段"按钮,自动变形透视效果,如图 2-76 所示。变形完成后,单击选项栏中的"提交透视变形"按钮或按 Enter 键提交操作。接着可以使用"裁切"工具将空缺区域裁掉。

图 2-75

图 2-76

课堂案例 16　制作超宽幅风景图

想要拍摄全景图时,由于拍摄条件的限制,可能要拍摄多张照片,然后通过后期进行拼接。使用"自动对齐图层"命令和"自动混合图层"命令,可以快速将多张图片组合成一张全景图。

案例要点

- 使用"自动对齐图层"命令
- 使用"自动混合图层"命令

操作步骤

步骤 01 打开一幅素材图片,接着置入相邻的一幅素材图像,并将置入的图像图层栅格化,如图 2-77 所示。

图 2-77

步骤 02 按住 Ctrl 键选中两个图层,选择"编辑"|"自动对齐图层"命令,打开"自动对齐图层"对话框。选中"拼贴"单选按钮,然后单击"确定"按钮,如图 2-78 所示。

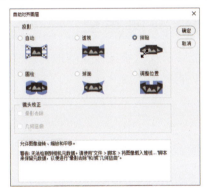

图 2-78

提示内容

利用"自动对齐图层"命令制作全景图时,一定要保证所使用的多张照片拍摄角度一致,在文档中的排列顺序正确,且两张照片之间要有充足的重叠部分,否则可能无法拼接出正确的图像。

"自动对齐图层"对话框中,各选项作用如下。

- "自动":通过分析源图像,应用"透视"或"圆柱"版面。
- "透视":通过将源图像中的一张图像指定为参考图像来创建一致的复合图像,然后变换其他图像,以匹配图层的重叠内容。
- "圆柱":通过在展开的圆柱上显示各个图像来减少透视版面中出现的扭曲,同时图层的重叠内容仍然相互匹配。
- "球面":将图像与宽视角对齐。指定某个源图像(默认情况下是中间图像)作为参考图像后,对其他图像执行球面变换,以匹配重叠的内容。
- "拼贴":对齐图层并匹配重叠内容,不更改图像中对象的形状。
- "调整位置":对齐图层并匹配重叠内容,但不会变换(伸展或斜切)任何源图层。
- "晕影去除":对导致图像边缘(尤其是角落)比图像中心暗的镜头缺陷进行补偿。
- "几何扭曲":补偿桶形、枕形或鱼眼失真。

步骤 03　选择"编辑"|"自动混合图层"命令，在打开的"自动混合图层"对话框中选中"堆叠图像"单选按钮，单击"确定"按钮，如图2-79所示。

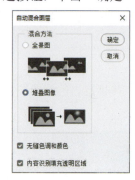 

图 2-79

知识拓展

使用"自动对齐图层"命令与"自动混合图层"命令都可以制作全景图，但两者还是有一定区别的。使用"自动对齐图层"命令只能对在同一场景下拍摄的照片进行制作，并且照片之间需要有一部分是重叠的。而使用"自动混合图层"命令则不同，不同场景、不同照片都可以进行混合，并且会适当地调色，使整个画面看起来更自然。

课堂案例 17　自动混合多张图像制作深海星空

"自动混合图层"对话框中的"堆叠图像"选项能够筛选重叠区域中的最佳细节。如果想将两张不同的照片合成为一张照片，就可以使用这个功能。

案例要点

- 使用"自动混合图层"命令

操作步骤

步骤 01　打开一幅素材图片，接着置入"素材 2"文件，将"素材 2"图像栅格化后并向上移动，覆盖住下方图像天空的部分，如图2-80所示。

图 2-80

步骤 02　单击"背景"图层后的"锁定"图标，将"背景"图层转换为普通图层。按住Ctrl键

单击选中两个图层,选择"编辑"|"自动混合图层"命令,在打开的对话框中选中"堆叠图像"单选按钮,然后单击"确定"按钮,如图2-81所示。

步骤 03 稍等片刻完成自动混合图层的操作,就可以看到两张图片颜色产生了混合,且主要元素仍然被保留下来,如图2-82所示。

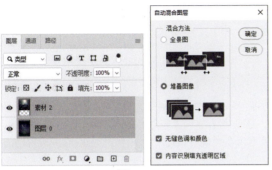

图 2-81　　　　　　　　　　　　　　　　　图 2-82

提示内容

使用"自动混合图层"命令时,对图片内容并没有太多要求。不同的图片混合可能会产生各种奇特的效果,用户可以进行多次尝试,以得到合适的效果。

课堂案例 18　借助辅助工具规划画册版面

Photoshop提供了多种方便、实用的辅助工具。使用这些工具,用户可以轻松制作出尺度精准的对象和排列整齐的版面。

标尺、参考线和网格是版面设计中常用的辅助工具。例如在制作对齐的元素时,徒手移动很难保证元素整齐排列。如果有了参考线,则在移动对象时会自动对齐到参考线上,从而使版面更加整齐。除此之外,在制作一个完整版面的时候,也可以先使用参考线将版面进行划分,之后再添加元素。

案例要点

- 使用参考线
- 使用网格

操作步骤

步骤 01 选择"文件"|"新建"命令,打开"新建文档"对话框。在该对话框中,单击"打印"选项卡,在显示的"空白文档预设"选项组中,单击A3选项,设置"方向"为横向,单击"创建"按钮,如图2-83所示。

步骤 02 选择"视图"|"参考线"|"新建参考线版面"命令,打开"新建参考线版面"对话框。在该对话框中,选中"列"复选框,设置"数字"为2,"装订线"为0像素;选中"边距"复选框,设置"上:""左:""下:""右:"均为180像素,然后单击"确定"按钮创建参考线版面,如图2-84所示。

图 2-83

图 2-84

> **提示内容**
>
> 创建参考线后，将鼠标移到参考线上，当鼠标显示为 ⇔ 图标时，单击并拖动鼠标，可以改变参考线的位置。在编辑图像文件的过程中，为了防止参考线被移动，选择"视图"|"锁定参考线"命令可以锁定参考线的位置；再次选择该命令，取消命令前的 √ 标记，即可取消参考线的锁定。

步骤 03 分别选择"视图"|"参考线"|"新建参考线"命令，打开"新参考线"对话框。在该对话框中，选中"垂直"单选按钮，分别设置"位置"为 2300.5 像素和 2660.5 像素，然后单击"确定"按钮创建参考线，如图 2-85 所示。

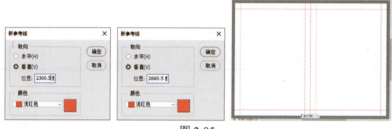
图 2-85

> **提示内容**
>
> 在 Photoshop 中，可以通过以下两种方法来创建参考线。一种方法是按 Ctrl+R 组合键，在图像文件中显示标尺，然后将光标放置在标尺上，并向文档窗口中拖动，即可创建画布参考线，如图 2-86 所示。如果想要使参考线与标尺上的刻度对齐，可以在拖动时按住 Shift 键。
>
> 另一种方法是选择"视图"|"新建参考线"命令，打开如图 2-87 所示的"新建参考线"对话框。在该对话框的"取向"选项组中选择需要创建参考线的方向；在"位置"文本框中输入数值，此值代表了参考线在图像中的位置，然后单击"确定"按钮，可以按照设置的位置创建水平或垂直的参考线。

图 2-86　　　　　　　图 2-87

如果用户不需要再使用参考线，可以将其清除。选择"视图"菜单中的"清除参考线""清除所选画板参考线"命令或"清除画布参考线"命令即可。

- 选择"清除参考线"命令，可以删除图像文件中的画板参考线和画布参考线。
- 选择"清除所选画板参考线"命令，可以删除所选画板上的参考线。
- 选择"清除画布参考线"命令，可以删除文档窗口中的画布参考线。

步骤 04 选择"视图"|"显示"|"网格"命令,显示网格。选择"钢笔"工具,在选项栏中设置绘画模式为"形状","填充"为 C:0 M:12 Y:6 K:0,然后使用"钢笔"工具绘制形状,如图 2-88 所示。

步骤 05 继续使用"钢笔"工具绘制形状,绘制完成后,更改"填充"为 C:19 M:3 Y:0 K:0,如图 2-89 所示。

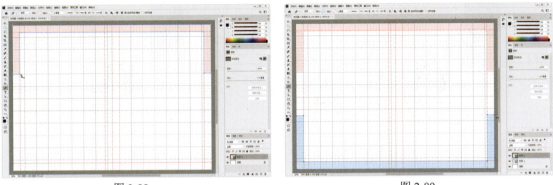

图 2-88　　　　　　　　　　　　　图 2-89

提示内容

默认情况下,参考线为青色,智能参考线为洋红色,网格为灰色。如果要更改参考线、网格的颜色,我们可以选择"编辑"|"首选项"|"参考线、网格和切片"命令,打开"首选项"对话框,选择合适的颜色,还可以选择线条类型,如图 2-90 所示。

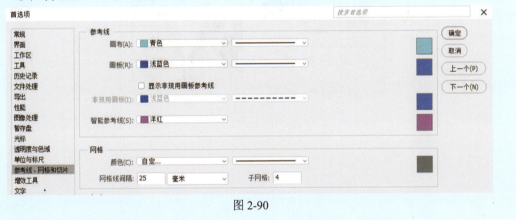

图 2-90

步骤 06 选择"文件"|"置入嵌入对象"命令,置入所需素材。使用"矩形选框"工具依据参考线创建选区,然后在"图层"面板中单击"添加图层蒙版"按钮,如图 2-91 所示。

图 2-91

步骤 07　继续置入图案和其余素材图像,并依据参考线进行排列,然后将"图案"图层的"混合模式"设置为"正片叠底",如图2-92所示。

步骤 08　选择"矩形"工具,在画面左侧绘制一个白色矩形,如图2-93所示。

图2-92　　　　　　　　　　　　　　　图2-93

步骤 09　选择"文件"|"置入嵌入对象"命令,置入文字素材,完成效果如图2-94所示。

图2-94

38

第3章 图像的选取与填色

本章主要介绍常见的选区绘制方法及基本操作，如移动、变换、存储等，在此基础上学习选区形态的编辑。学会了选区的使用方法后，我们可以对选区进行颜色、渐变及图案的填充。

课堂案例1　绘制矩形选区制作艺术边框效果

选区功能的使用非常普遍，无论是在照片修饰还是在平面设计过程中，经常遇到要对画面局部进行处理、在特定范围内填充颜色或者将部分区域删除的情况。这些操作都可以先创建出选区，然后对选区进行操作。

案例要点

- 使用"矩形选框"工具
- 载入画笔库

操作步骤

步骤 01 打开一幅素材图像，并在"图层"面板中单击"创建新图层"按钮新建一个图层，如图3-1所示。

步骤 02 选择"矩形选框"工具，在选项栏中设置"羽化"为50像素，在画面中按住鼠标左键拖曳，绘制一个矩形选区，如图3-2所示。

图3-1

图3-2

提示内容

使用"矩形选框"工具可以绘制任意大小的矩形选区；按住Shift键的同时按住鼠标左键拖曳，可以绘制正方形选区；按住Shift+Alt键的同时按住鼠标左键拖曳，则可以绘制出以鼠标单击点为中心的正方形。

步骤 03　选择"选择"|"反选"命令，反选选区。选择"画笔"工具，打开"画笔"面板，在面板菜单中选择"导入画笔"命令，在打开的"载入"对话框中选择外部画笔库，然后单击"载入"按钮，如图3-3所示。

图 3-3

步骤 04　选择"画笔"工具，在"画笔"面板中选择需要的画笔样式，在选区内添加画笔效果，如图3-4所示。按Ctrl+D键取消选区，在"图层"面板中设置图层混合模式为"差值"，"不透明度"为65%，完成效果如图3-5所示。

图 3-4　　　　　　　　　图 3-5

课堂案例 2　绘制圆形选区制作同心圆背景

"椭圆选框"工具 主要用来创建椭圆或圆形选区。选择"椭圆选框"工具，将光标移到画面中，按住鼠标左键并拖动即可创建椭圆形选区。在绘制过程中，按住Shift键的同时按住鼠标左键拖动，可以创建圆形选区。本例通过制作同心圆背景，介绍"椭圆选框"工具的使用方法。

案例要点

● 使用"椭圆选框"工具
● 描边选区操作

操作步骤

步骤 01　打开素材文件，然后在"图层"面板中选中"背景"图层，单击"创建新图层"按钮，创建一个新的图层，如图3-6所示。

步骤 02　选择"椭圆选框"工具，按住 Shift 键的同时按住鼠标左键拖曳，绘制一个圆形选区，如图3-7所示。将前景色设置为 R:248　G:222　B:0，按 Alt+Delete 快捷键填充选区，效果如图3-8所示。

第 3 章　图像的选取与填色

图 3-6　　　　　　　　　　图 3-7　　　　　　　　　　图 3-8

步骤 03　在图像上右击，在弹出的快捷菜单中选择"变换选区"命令，显示定界框后，按住 Alt 键向外拖动定界框，放大选区，如图 3-9 所示。选择"编辑"|"描边"命令，在弹出的"描边"对话框中，设置"宽度"为 80 像素，选中"居外"单选按钮，然后单击"确定"按钮，如图 3-10 所示。

图 3-9　　　　　　　　　　　　　图 3-10

步骤 04　使用相同的方法变换选区并描边，然后按 Ctrl+D 键取消选区，完成效果如图 3-11 所示。

图 3-11

> **提示内容**
>
> 创建选区后，选择"选择"|"变换选区"命令，或在选区内右击，在弹出的快捷菜单中选择"变换选区"命令，然后把光标移到选区内，当光标变为▶形状时，即可拖动选区。使用"变换选区"命令除了可以移动选区，还可以改变选区的形状，如对选区进行缩放、旋转和扭曲等。在变换选区时，直接通过拖动定界框的手柄可以调整选区，还可以配合 Shift、Alt 和 Ctrl 键的使用。

课堂案例 3　使用"套索"工具制作氛围光效果

选区有矩形和圆形等规则形状，还可以有不规则的形状，要想绘制不规则的选区，首选工具就是"套索"工具。使用"套索"工具可以手动绘制任意形状的选区。该工具特别适用于对选取精度要求不高的操作。选择"套索"工具，将光标移至画面中，按住鼠标左键拖动，即可以光标的移动轨迹创建选区。最后将光标定位到起始位置时，释放鼠标即可得到闭合选区。如果在绘制中途释放鼠标左键，Photoshop 会在该点与起始点之间建立一条直线以封闭选区。本例通过制作氛围光效果，介绍"套索"工具的使用方法。

案例要点

- 使用"套索"工具
- 创建纯色填充图层

操作步骤

步骤 01 打开一幅素材图像，使用"套索"工具在图像中拖动创建选区，如图 3-12 所示。

步骤 02 在"图层"面板中，单击"创建新的填充或调整图层"按钮，在弹出的菜单中选择"纯色"命令，在打开的"拾色器(纯色)"对话框中设置填充色为 R:32 G:32 B:142，然后单击"确定"按钮，如图 3-13 所示。

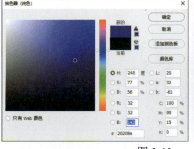

图 3-12　　　　　　　　　　　　　　　　图 3-13

步骤 03 在"图层"面板中，设置颜色填充图层的混合模式为"颜色"，如图 3-14 所示。选中"颜色填充 1"图层蒙版，在"属性"面板中设置"羽化"为 85 像素，如图 3-15 所示。

图 3-14　　　　　　　　　　　　　　　　图 3-15

步骤 04 按 Ctrl+J 键复制"颜色填充 1"图层，双击"颜色填充 1 拷贝"图层缩览图，在弹出的"拾色器(纯色)"对话框中将填充色更改为 R:227 G:61 B:128，效果如图 3-16 所示。

步骤 05 选中"颜色填充 1 拷贝"图层蒙版，按 Ctrl+I 键反相蒙版，完成效果如图 3-17 所示。

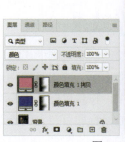

图 3-16　　　　　　　　　　　　　　　　图 3-17

课堂案例 4　使用"多边形套索"工具制作撕纸效果

"多边形套索"工具 ⊿ 通过绘制多个直线段并连接,最终闭合线段区域后创建出选区。该工具适用于对精度有一定要求的操作。本例通过制作撕纸效果,介绍"多边形套索"工具的使用方法。

案例要点

- 使用"多边形套索"工具
- 使用滤镜命令

操作步骤

步骤 01 打开一幅素材图像,使用"多边形套索"工具在图像中随意创建一个选区,如图3-18所示。

图 3-18

步骤 02 在"图层"面板中,单击"创建新的填充或调整图层"按钮,新建一个纯色填充图层。然后选中图层蒙版,按Ctrl+I键反相蒙版,效果如图3-19所示。

步骤 03 选择"滤镜"|"扭曲"|"波浪"命令,打开"波浪"对话框。在该对话框中,选中"三角形"单选按钮,适当调整"波长"和"波幅"的"最小"和"最大"参数,然后单击"确定"按钮,如图3-20所示。

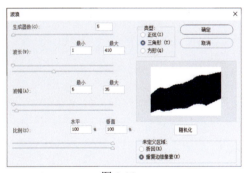

图 3-19　　　　　　　　　　　图 3-20

步骤 04 选择"滤镜"|"滤镜库"命令,打开"滤镜库"对话框。在该对话框中,选择"画笔描边"滤镜组中的"喷色描边"滤镜,设置"描边长度"为4,"喷色半径"为2,然后单击"确定"按钮,如图3-21所示。

步骤 05 使用步骤(1)至步骤(4)相同的操作方法,在外围再制作一层撕纸效果,如图3-22所示。

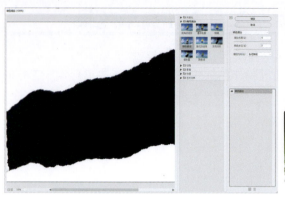

图 3-21

图 3-22

> **提示内容**
>
> 在使用"多边形套索"工具绘制选区时，同时按住 Shift 键，可以在水平方向、垂直方向或 45°方向上绘制直线。另外，按 Delete 键可以删除最近绘制的直线。

步骤 06 选中"颜色填充 1"图层，双击图层，打开"图层样式"对话框。在该对话框中选中"投影"选项，设置"不透明度"为 80%，"大小"为 50 像素，然后单击"确定"按钮，完成效果如图 3-23 所示。

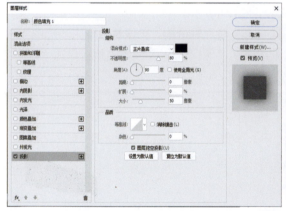

图 3-23

课堂案例 5　制作网点边框效果

使用快速蒙版创建选区的方式与其他选区工具的创建方式有所不同。单击工具箱中的"以快速蒙版模式编辑"按钮，或按Q键，该按钮变为 ■ 状态时，表示已处于快速蒙版编辑模式。在这种模式下，可以使用"画笔"工具、"橡皮擦"工具、"渐变"工具、"油漆桶"工具等在当前画面中进行绘制。快速蒙版模式下只能使用黑、白、灰进行绘制，使用黑色绘制的部分在画面中呈现半透明的红色覆盖效果,使用白色可以擦除红色部分。本例通过制作网点边框效果,介绍使用快速蒙版创建选区的方法。

案例要点

- 使用快速蒙版
- 使用"彩色半调"命令

操作步骤

步骤 01 打开一幅包含多个图层的素材文件,并在"图层"面板中选中"图层1",如图3-24所示。

步骤 02 按Q键进入快速蒙版模式,设置前景色为黑色,接着使用"画笔"工具在画面中涂抹绘制出蒙版区域,如图3-25所示。

图 3-24　　　　　　　　　　图 3-25

步骤 03 选择"滤镜"|"像素化"|"彩色半调"命令,打开"彩色半调"对话框。在该对话框中,设置"最大半径"数值为50像素,然后单击"确定"按钮,如图3-26所示。

步骤 04 再次按Q键退出快速蒙版编辑模式,按Delete键,删除选区内的图像,效果如图3-27所示。

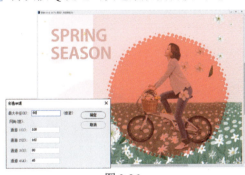

图 3-26　　　　　　　　　　图 3-27

课堂案例6　使用"快速选择"工具快速给外套换色

"快速选择"工具结合了"魔棒"工具和"画笔"工具的特点,以画笔绘制的方式在图像中拖动创建选区。"快速选择"工具会自动调整所绘制的选区大小,并寻找到边缘使其与选区分离,结合Photoshop中的调整边缘功能可以获得更加准确的选区。图像主体与背景相差较大的图像,可以使用"快速选择"工具快速创建选区。而且在连续选取以扩大颜色范围时,其自由操作性相当高。本例通过快速变换外套颜色,介绍"快速选择"工具的使用方法。

案例要点

- 使用"快速选择"工具

操作步骤

步骤 01 打开一幅素材图像,使用"快速选择"工具选择图像中的外套区域,如图 3-28 所示。

步骤 02 在"图层"面板中,单击"创建新的填充或调整图层"按钮,在弹出的菜单中选择"纯色"命令,在弹出的"拾色器(纯色)"对话框中设置填充为 R:232 G:36 B:44,如图 3-29 所示。

图 3-28　　　　　　　　　　　　　图 3-29

知识拓展

在创建选区时,若需要调节画笔大小,按键盘上的右方括号键] 可以增大"快速选择"工具的画笔笔尖;按左方括号键 [可以减小"快速选择"工具画笔笔尖的大小。

步骤 03 在"图层"面板中,设置颜色填充图层的混合模式为"颜色",如图 3-30 所示。

步骤 04 在"调整"面板中,单击"色阶"按钮,再在展开的"属性"面板中,向左拖曳中间滑块,本例完成效果如图 3-31 所示。

  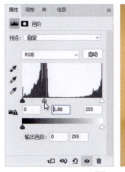 

图 3-30　　　　　　　　　　　　　图 3-31

课堂案例 7　制作横版宠物产品广告

在 Photoshop 中,用户可以更快捷、更简单地创建准确的选区和蒙版。使用选框工具、"套索"工具、"魔棒"工具和"快速选择"工具时,选项栏中都会出现"选择并遮住"按钮。选择"选择"|"选择并遮住"命令,或在选择一种选区创建工具后,单击选项栏上的"选择并遮住"按钮,可以打开"选择并遮住"工作区。该工作区将用户熟悉的工具和新工具

结合在一起，用户可在"属性"面板中调整参数以创建更精准的选区。本例通过制作横版宠物产品广告，介绍"选择并遮住"功能的使用方法。

案例要点

- 使用"选择并遮住"命令

操作步骤

步骤 01 打开宠物素材图像文件，选择"快速选择"工具，在主体区域按住鼠标左键拖动，创建出宠物部分的大致选区，如图 3-32 所示。

图 3-32

知识拓展

打开图像文件后，在文档窗口中会显示如图 3-33 所示的浮动选项栏。

图 3-33

单击"选择主体"按钮，会自动根据画面中的主体对象创建选区，如图 3-34 所示。单击"移除背景"按钮，会自动删除主体对象以外的图像内容，如图 3-35 所示。

图 3-34　　　　　　　　　　　　　　图 3-35

步骤 02 单击选项栏中的"选择并遮住"按钮，打开"选择并遮住"工作区。为了便于观察，首先设置视图模式为"叠加"。在"边缘检测"选项组下，选中"智能半径"复选框，设置"半径"为 50 像素；在"全局调整"选项组下，设置"对比度"为 10%，单击"反相"按钮；在"输出设置"选项组下，设置"输出到"为"新建图层"，然后单击"确定"按钮，如图 3-36 所示。

图 3-36

知识拓展

若要进一步调整图像对象边缘像素，可以设置"边缘检测"的"半径"选项。"半径"选项用来确定选区边界周围的区域大小，如图 3-37 所示。对图像中锐利的边缘可以使用较小的半径数值，对于较柔和的边缘可以使用较大的半径数值。选中"智能半径"复选框后，允许选区边缘出现宽度可变的调整区域。

图 3-37

"全局调整"选项组主要用来对选区进行平滑、羽化等处理，如图 3-38 所示。

图 3-38

- "平滑"选项：当创建的选区边缘非常生硬，甚至有明显的锯齿时，使用此参数设置可以进行柔化处理。
- "羽化"选项：该选项与"羽化"命令的功能基本相同，都用来柔化选区边缘。
- "对比度"选项：设置此参数可以调整边缘的虚化程度，数值越大则边缘越锐利。通常可用于创建比较精确的选区。
- "移动边缘"选项：该选项与"收缩""扩展"命令的功能基本相同，使用负值可以向内移动柔化边缘的边框，使用正值可以向外移动边框。
- "清除选区"：单击该按钮，可以取消当前选区。
- "反相"：单击该按钮，即可得到反向的选区。

在"输出"选项组中可以设置选区边缘的杂色以及选区输出的方式。在"输出设置"中选中"净化颜色"复选框，设置"输出到"为"选区"，单击"确定"按钮即可得到选区。使用 Ctrl+J 快捷键将选区中的图像内容复制到独立图层，然后更换背景，效果如图 3-39 所示。

图 3-39

- "净化颜色":将彩色杂边替换为附近完全选中的像素颜色。颜色替换的强度与选区边缘的羽化程度是成正比的。
- "输出到":设置选区的输出方式,在"输出到"下拉列表中选中相应的输出方式。

步骤 03 选择"文件"|"打开"命令,打开背景图像文件,如图 3-40 所示。再选中宠物素材图像,在"图层"面板中,右击"背景 拷贝"图层,在弹出的快捷菜单中选择"复制图层"命令。打开"复制图层"对话框,在"文档"下拉列表中选择"背景.jpg",在"为"下拉列表中选择"背景 拷贝",然后单击"确定"按钮,如图 3-41 所示。

图 3-40   图 3-41

步骤 04 选中背景素材图像,将复制的宠物图像图层移至右侧边缘。接着选择"文件"|"置入嵌入对象"命令,置入产品包装图像文件,并调整其位置及大小,如图 3-42 所示。

步骤 05 选择"文件"|"置入嵌入对象"命令,置入文字内容文件,并调整其位置及大小,完成后的设计效果如图 3-43 所示。

图 3-42   图 3-43

提示内容

如果需要双击图层蒙版后打开"选择并遮住"工作区,可以选择"编辑"|"首选项"|"工具"命令,在打开的"首选项"对话框中,选中"双击图层蒙版可启动'选择并遮住'工作区"复选框。

单击"复位工作区"按钮,可恢复"选择并遮住"工作区的原始状态。另外,此选项还可以将图像恢复为进入"选择并遮住"工作区时,它所应用的原始选区或蒙版。选中"记住设置"复选框,可以存储设置,用于以后打开的图像。

课堂案例 8　制作标题文字外轮廓

在Photoshop中，可以对已有选区的边界进行向外扩展、向内收缩、平滑、羽化等操作。本例通过制作标题文字外轮廓，介绍选区编辑操作。

案例要点
- 扩展选区
- 羽化选区
- 使用"描边"命令

操作步骤

步骤 01　打开一幅素材图像，按 Ctrl 键单击文字图层缩览图，载入选区，如图 3-44 所示。

图 3-44

步骤 02　在"图层"面板中，单击"创建新图层"按钮，新建"图层 1"。选择"选择"|"修改"|"扩展"命令，在打开的"扩展选区"对话框中，设置"扩展量"为 8 像素，然后单击"确定"按钮，如图 3-45 所示。

步骤 03　在"颜色"面板中，将前景色设置为 R:163　G:3　B:185，然后按 Alt+Delete 键填充选区，效果如图 3-46 所示。

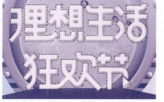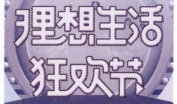

图 3-45　　　　　　　　　　　　图 3-46

提示内容

"扩展"命令用于扩展选区。选择"选择"|"修改"|"扩展"命令，打开"扩展选区"对话框，通过设置"扩展量"数值可以扩展选区。其数值越大，选区向外扩展的范围就越大。

"收缩"命令与"扩展"命令作用相反，用于收缩选区。选择"选择"|"修改"|"收缩"命令，打开"收缩选区"对话框，通过设置"收缩量"数值可以缩小选区。其数值越大，选区向内收缩的范围就越大。

步骤 04　选择"选择"|"修改"|"扩展"命令，在打开的"扩展选区"对话框中，设置"扩展量"为 15 像素，然后单击"确定"按钮，如图 3-47 所示。选择"选择"|"修改"|"羽化"命令，在打开的"羽化选区"对话框中，设置"羽化半径"为 5 像素，然后单击"确定"按钮，如图 3-48 所示。

步骤 05　在"颜色"面板中，将前景色设置为 R:224　G:75　B:185，然后按 Alt+Delete 键填充选区，效果如图 3-49 所示。

第 3 章　图像的选取与填色

图 3-47

图 3-48

图 3-49

提示内容

"羽化"命令可以通过扩展选区轮廓周围的像素区域，达到柔和边缘效果。选择"选择"|"修改"|"羽化"命令，打开"羽化选区"对话框。通过设置"羽化半径"数值可以控制羽化范围的大小。当对选区应用填充、裁剪等操作时，可以看出羽化效果，如图 3-50 所示。如果选区较小而羽化半径设置较大，则会弹出警告对话框，如图 3-51 所示。单击"确定"按钮，可确认当前设置的羽化半径，而选区可能变得非常模糊，以至于在画面中看不到，但此时选区仍然存在。如果不想出现该警告，应减小羽化半径或增大选区的范围。

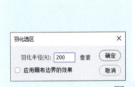

图 3-50

图 3-51

步骤 06 在"图层"面板中，按 Ctrl 键单击"创建新图层"按钮新建一个图层，并按 Alt+Delete 键填充选区，设置"不透明度"为 55%，完成效果如图 3-52 所示。

图 3-52

课堂案例 9　制作缝合线效果

本例通过制作缝合线效果，介绍选区的编辑操作，以及填充图案的操作方法。

案例要点

- 收缩选区
- 将选区转换为路径
- 使用"填充"命令

操作步骤

步骤 01 打开绳子素材文件，使用"矩形选框"工具框选一段，如图 3-53 所示。选择"编辑"|"定义图案"命令，打开"图案名称"对话框，单击"确定"按钮，即可定义图案，如图 3-54 所示。

| 图 3-53 | 图 3-54 |

 提示内容

图案是在绘画过程中被重复使用或拼接粘贴的图像。Photoshop虽然为用户提供了大量现成的预设图案，但并不一定适用，这时我们可以将图片或图片的局部创建为自定义图案。使用"编辑"|"定义图案"命令，在打开的"图案名称"对话框中，设置一个合适的名称，然后单击"确定"按钮完成图案的定义。自定义的图案会像 Photoshop 预设的图案一样出现在"油漆桶""图案图章""修复画笔"和"修补"等工具选项栏的弹出式面板，以及"填充"命令和"图层样式"对话框中。

步骤 02 打开一幅素材图像，在"图层"面板中按 Ctrl 键单击文字图层缩览图，载入文字选区，如图 3-55 所示。

步骤 03 选择"选择"|"修改"|"收缩"命令，打开"收缩选区"对话框。在该对话框中，设置"收缩量"为 20 像素，然后单击"确定"按钮，如图 3-56 所示。

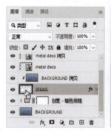  

| 图 3-55 | 图 3-56 |

步骤 04 在"路径"面板中，单击"从选区生成工作路径"按钮，将选区转为路径，如图 3-57 所示。

步骤 05 在"图层"面板最上方新建一个图层，按 Shift+F5 键打开"填充"对话框。在该对话框中，设置"内容"为"图案"，选择之前定义的图案，选中"脚本"复选框，选择"沿路径置入"选项，单击"确定"按钮，如图 3-58 所示。

| 图 3-57 | 图 3-58 |

步骤 06 打开"沿路径置入"对话框，设置"图案缩放"为 1，"间距"为 29 像素，选中"调整间距以适合"复选框，设置"与路径的角度"为 3 度，然后单击"确定"按钮，效果如图 3-59 所示。

步骤 07 在"图层"面板中，按 Ctrl 键单击图层缩览图创建选区，在"调整"面板中单击"曝光度"按钮，在展开的"属性"面板中设置"曝光度"为 +1.39，"灰度系数校正"为 1.00，完成效果如图 3-60 所示。

第 3 章　图像的选取与填色

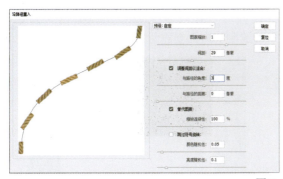

图 3-59

图 3-60

课堂案例 10　制作拼图效果

本例通过制作拼图效果，介绍常规选区操作。

案例要点

- 选区操作
- 定义图案

操作步骤

步骤 01　选择"文件"|"新建"命令，新建一个"宽度"和"高度"均为 300 像素的文档，如图 3-61 所示。按 Ctrl+R 键显示标尺，在画布中心位置拉两条参考线，如图 3-62 所示。

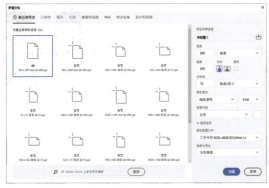
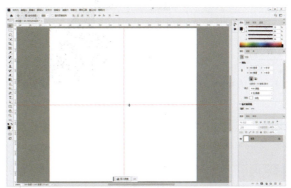

图 3-61　　　　　　　　　　　　　　图 3-62

53

步骤 02　在"图层"面板中新建一个图层,然后使用"矩形选框"工具在画布中绘制一个方形选区,并按 Alt+Delete 键填充前景色,如图 3-63 所示。再对绘制的方形创建两条参考线,如图 3-64 所示。

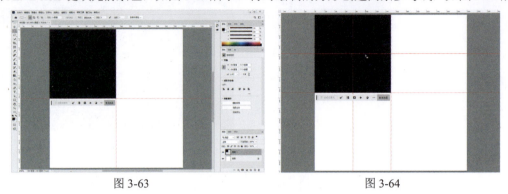

图 3-63　　　　　　　　　　　　图 3-64

步骤 03　选择"椭圆选框"工具,依据刚创建的参考线,在方形右侧中心位置绘制一个圆形选区,并按 Alt+Delete 键填充前景色,如图 3-65 所示。将圆形选区移至方形下方中心位置,并按 Delete 键删除选区内的图像,如图 3-66 所示。

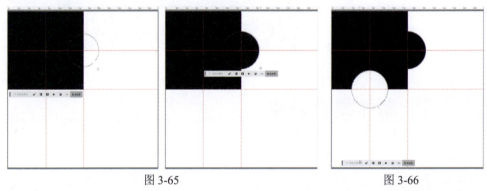

图 3-65　　　　　　　　　　　　图 3-66

步骤 04　按 Ctrl+J 键复制图层,按 Ctrl+T 键调出定界框,将其移至右下角并旋转 180 度,然后关闭"背景"图层视图,如图 3-67 所示。

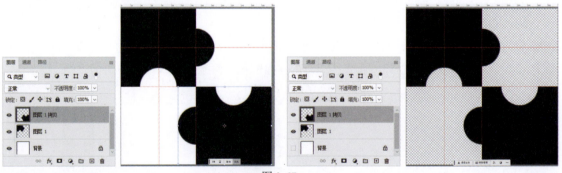

图 3-67

步骤 05　选择"编辑"|"定义图案"命令,打开"图案名称"对话框。在该对话框中,设置"名称"为"拼图 4",然后单击"确定"按钮,如图 3-68 所示。

步骤 06　打开一幅素材图像,在"图层"面板中单击"创建新的填充或调整图层"按钮,在弹出的快捷菜单中选择"图案"命令。然后在弹出的"图案填充"对话框中,选择刚定义的图案,设置"缩放"为 80%,然后单击"确定"按钮,效果如图 3-69 所示。

第 3 章　图像的选取与填色

图 3-68

图 3-69

步骤 07　在"图层"面板中，右击图案填充图层，在弹出的快捷菜单中选择"栅格化图层"命令，并设置"填充"为 0%，如图 3-70 所示。

步骤 08　双击图案填充图层，打开"图层样式"对话框。在"图层样式"对话框中，选中"斜面和浮雕"选项，设置"深度"为 150%，"大小"为 3 像素；阴影"角度"为 30 度，"高度"为 30 度，"高光模式"为"滤色"，颜色为白色，"不透明度"为 100%；"阴影模式"为"正片叠底"，颜色为 R:195 G:161 B:147，"不透明度"为 100%，如图 3-71 所示。

图 3-70

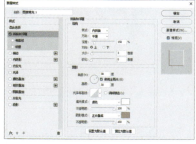
图 3-71

步骤 09　在"图层样式"对话框中，选中"描边"选项，设置"大小"为 1 像素，"位置"为"居中"，"不透明度"为 90%，然后单击"确定"按钮，如图 3-72 所示。

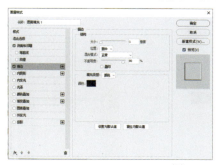

图 3-72

课堂案例 11　制作穿插效果

选区的运算是指在画面中存在选区的情况下，使用选框工具、套索工具和魔棒工具创建新选区时，新选区与现有选区之间进行运算，从而生成新的选区。使用选框工具、套索工具或魔棒工具创建选区时，工具选项栏中就会出现选区运算的相关按钮。本例通过制作穿插效果，介绍选区运算的操作方法。

案例要点
- 选区运算操作

操作步骤

步骤 01 选择"文件"|"打开"命令，打开所需的图像文件。选择"文件"|"置入嵌入对象"命令，打开"置入嵌入的对象"对话框。在该对话框中，选择要置入的图像文件，然后在画板中单击，即可将选取的文件置入页面中，如图 3-73 所示。

步骤 02 单击"创建新图层"按钮，新建"图层 1"。选择"矩形选框"工具，在"样式"下拉列表中选择"固定比例"选项，设置"宽度"和"高度"数值为 1，然后在画板中拖动创建选区，并按 Ctrl+Delete 键填充背景色，如图 3-74 所示。

图 3-73　　　　　　　　　　　　　　　图 3-74

步骤 03 选择"编辑"|"描边"命令，在打开的"描边"对话框中，设置"宽度"数值为 35 像素，单击"颜色"选项右侧的色板按钮，在弹出的"拾色器(描边颜色)"对话框中，设置颜色为 R:73　G:234　B:188，单击"确定"按钮，返回"描边"对话框，选中"内部"单选按钮，单击"确定"按钮添加描边，如图 3-75 所示。

步骤 04 继续使用"矩形选框"工具在选项栏中单击"添加到选区"按钮，在"图层 1"中创建选区，并按 Alt+Delete 键填充选区，如图 3-76 所示。

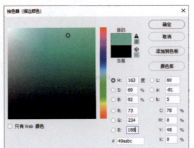
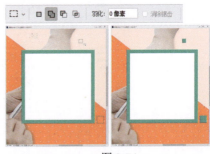

图 3-75　　　　　　　　　　　　　　　图 3-76

知识拓展

使用选框工具、套索工具或魔棒工具创建选区时，工具选项栏中就会出现选区运算的相关按钮，如图 3-77 所示。

- "新选区"按钮：单击该按钮后，可以创建新的选区；如果图像中已存在选区，那么新创建的选区将替代原来的选区。

- "添加到选区"按钮：单击该按钮，使用选框工具在画布中创建选区时，如果当前画布中存在选区，光标将变成 形状。此时绘制新选区，新建的选区将与原来的选区合并成为新的选区，如图3-78所示。

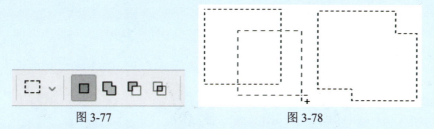

图 3-77　　　　　　　　　　图 3-78

- "从选区减去"按钮：单击该按钮，使用选框工具在图形中创建选区时，如果当前画布中存在选区，光标变为 形状。此时，如果新创建的选区与原来的选区有相交部分，将从原选区中减去相交的部分，余下的选择区域作为新的选区，如图3-79所示。
- "与选区交叉"按钮：单击该按钮，使用选框工具在图形中创建选区时，如果当前画布中存在选区，光标将变成 形状。此时，如果新创建的选区与原来的选区有相交部分，结果会将相交的部分作为新的选区，如图3-80所示。

图 3-79　　　　　　　　　　图 3-80

使用快捷键也可进行选区运算，按住Shift键，光标旁出现"＋"时，可以进行添加到选区操作；按住Alt键，光标旁出现"－"时，可以进行从选区减去操作；按住Shift+Alt键，光标旁出现"×"时，可以进行与选区交叉操作。

步骤 05　按Ctrl+D键取消选区，按Ctrl+T键应用"自由变换"命令，显示定界框后，在选项栏中设置W数值为90%，"旋转"为45度。按Ctrl+[键将"图层1"下移一层，如图3-81所示。

步骤 06　在"图层"面板中，选中手部素材图层。选择"多边形套索"工具，根据描边创建选区，如图3-82所示。

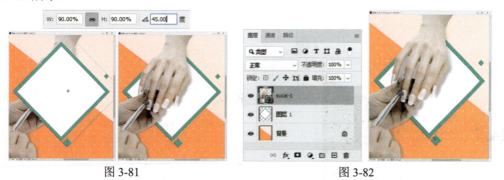

图 3-81　　　　　　　　　　图 3-82

步骤 07　选择"选择"|"反选"命令反选选区，在"图层"面板中单击"添加图层蒙版"按钮，如图3-83所示。

步骤 08 选择"文件"|"置入嵌入对象"命令，在打开的"置入嵌入的对象"对话框中选择所需要的图像文件，单击"置入"按钮。然后在画板中单击，即可置入图像，调整图像的位置及角度，完成效果如图 3-84 所示。

图 3-83　　　　　　　　　　　　　　　　　　　　　　图 3-84

课堂案例 12　使用"填充"命令混合图像

使用"填充"命令可以为整个图像或选区内的部分填充颜色、图案、历史记录等，在填充的过程中还可以使填充的内容与原始内容产生混合效果。选择"编辑"|"填充"命令，或按 Shift+F5 快捷键打开"填充"对话框。在对话框中需要先设置填充的内容，还可以进行混合设置，设置完成后单击"确定"按钮进行填充。需要注意的是，对文字图层、智能对象等特殊图层以及被隐藏的图层不能使用"填充"命令。本例通过混合图像效果，介绍"填充"命令的使用方法。

案例要点

● 使用"填充"命令

操作步骤

步骤 01 打开一幅素材图像，并按 Ctrl+J 键复制"背景"图层，如图 3-85 所示。
步骤 02 使用"套索"工具绘制选区，在浮动工具栏中单击"填充选区"按钮，在弹出的菜单中选择"内容识别填充"命令，在弹出的"填充"对话框中，设置"内容"为"内容识别"，单击"确定"按钮，如图 3-86 所示。

图 3-85　　　　　　　　　　　　　　　图 3-86

步骤 03 操作完成后，按 Ctrl+D 键取消选区，完成效果如图 3-87 所示。

图 3-87

课堂案例 13　填充图案制作图案背景

底纹、图案是设计作品时常用的元素。为画面中的纯色部分添加底纹、图案，既能衬托主体，又能丰富画面内容。使用"填充"命令，可以快速在图像中添加大量重复对象，丰富画面效果。

案例要点

- "填充"命令
- 定义图案

操作步骤

步骤 01 选择"文件"|"新建"命令，打开"新建文档"对话框。在该对话框的名称文本框中输入"感恩卡"，设置"宽度"为150毫米，"高度"为215毫米，"分辨率"为300像素/英寸，然后单击"创建"按钮新建文档，如图3-88所示。

步骤 02 选择"渐变"工具，在选项栏中单击"径向渐变"按钮，再单击渐变色条，在弹出的"渐变编辑器"对话框中，设置左侧起始色标颜色为 R:23 G:185 B:245，右侧终止色标颜色为 R:46 G:113 B:216，单击"确定"按钮关闭"渐变编辑器"对话框。然后使用"渐变"工具在画板左上角单击，并按住鼠标左键向右下角拖动。最后释放鼠标，即可填充"背景"图层，如图3-89所示。

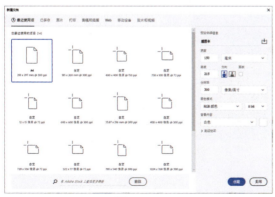
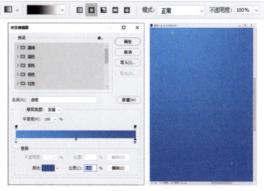

图 3-88　　　　　　　　　　　　　图 3-89

步骤 03 选择"文件"|"打开"命令，打开所需的图案文件。选择"编辑"|"定义图案"命令，在打开的"图案名称"对话框中，单击"确定"按钮创建图案，如图3-90所示。

步骤 04 再次选中创建的图像文件,在"图层"面板中,单击"创建新图层"按钮,新建"图层1"。选择"编辑"|"填充"命令,打开"填充"对话框。在该对话框的"内容"下拉列表中选择"图案"选项,在"自定图案"下拉列表中选择上一步创建的图案。选中"脚本"复选框,在右侧的下拉列表中选择"十字线织物"选项,然后单击"确定"按钮,如图3-91所示。

图 3-90

步骤 05 在弹出的"十字线织物"对话框中,设置"图案缩放"数值为0.7,"间距"数值为100,然后单击"确定"按钮,如图3-92所示。

图 3-91   图 3-92

步骤 06 按 Ctrl+T 键,应用"自由变换"命令,并在选项栏中设置 W 数值为200%,"旋转"为30度,然后按 Enter 键应用变换,如图3-93所示。

步骤 07 选择"文件"|"置入嵌入对象"命令,打开"置入嵌入的对象"对话框。在该对话框中,选择要置入的图像文件,单击"置入"按钮关闭"置入"对话框。然后在画板中单击,即可将选取的文件置入页面中,如图3-94所示。

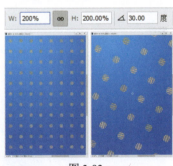  

图 3-93   图 3-94

课堂案例 14 填充历史记录制作景深效果

在"填充"对话框中,设置填充"内容"为"历史记录"选项,可以填充历史记录面板中所标记的状态。本例通过制作景深效果,介绍"填充"命令和"历史记录"面板的使用方法。

案例要点

- 使用"填充"命令
- 使用"历史记录"面板

操作步骤

步骤 01 打开一幅素材图像,并按 Ctrl+J 键复制"背景"图层,如图 3-95 所示。

步骤 02 选择"滤镜"|"模糊"|"高斯模糊"命令,打开"高斯模糊"对话框。在该对话框中,设置"半径"为 45 像素,然后单击"确定"按钮,如图 3-96 所示。

图 3-95

图 3-96

步骤 03 打开"历史记录"面板,单击"创建新快照"按钮,基于当前的图像状态创建一个快照。在"快照 1"前面单击,将历史记录的源设置为"快照 1",如图 3-97 所示。

步骤 04 在"历史记录"面板中,单击"通过拷贝的图层"步骤,将图像恢复到步骤(1)的状态,如图 3-98 所示。

图 3-97

图 3-98

步骤 05 打开"通道"面板,按 Ctrl 键单击 Alpha 1 通道缩览图,载入选区,如图 3-99 所示。

步骤 06 选择"编辑"|"填充"命令,在打开的"填充"对话框的"内容"下拉列表中选择"历史记录"选项,然后单击"确定"按钮,如图 3-100 所示。设置完成后,按 Ctrl+D 组合键取消选区,结束操作。

图 3-99

图 3-100

课堂案例 15　使用"油漆桶"工具更改界面颜色

使用"油漆桶"工具可以快速地给指定容差范围的颜色、选区或画布填充前景色或图案。选择"油漆桶"工具后，在其选项栏中可以设置不透明度、是否消除锯齿和容差等参数选项。

案例要点

- 使用"油漆桶"工具

操作步骤

步骤 01　打开素材图像，选择"油漆桶"工具，在选项栏中设置填充内容为"前景"，其他参数使用默认值即可，如图 3-101 所示。

步骤 02　更改前景色，然后在需要填充的位置上单击即可填充前景色，如图 3-102 所示。

图 3-101

图 3-102

提示内容

"油漆桶"工具选项栏中各选项作用如下。
- 填充内容：可以在下拉列表中选择填充内容，包括"前景"和"图案"。
- "模式"/"不透明度"：用来设置填充内容的混合模式和不透明度。
- "容差"：用来定义必须填充的像素的颜色相似程度。低容差会填充颜色值范围与单击点像素非常相似的像素，高容差则填充更大范围内的像素。
- "消除锯齿"：选中该复选框，可以平滑填充选区的边缘。
- "连续的"：选中该复选框，只填充与单击点相邻的像素；取消选中该复选框，可填充图像中的所有相似像素。
- "所有图层"：选中该复选框，基于所有可见图层中的合并颜色数据填充像素；取消选中该复选框，则填充当前图层。

课堂案例 16　使用"渐变"工具制作 H5 广告

渐变色是指颜色从明到暗，或由深转浅，或从一种颜色缓慢过渡到另一种颜色。渐变色带来的视觉效果变幻多样，充满梦幻气息。

使用"渐变"工具，可以在图像中创建多种颜色间逐渐过渡混合的效果。在 Photoshop 中，不仅可以填充图像，还可以填充图层蒙版、快速蒙版和通道。另外，控制调整图层和填充图层的有效范围时也会用到"渐变"工具。选择该工具后，用户可以根据需要在"渐变编辑器"对话框中设置渐变颜色，也可以选择系统自带的预设渐变应用于图像中。

案例要点

- 使用"渐变"工具

操作步骤

步骤 01 选择"文件"|"新建"命令,打开"新建文档"对话框。在该对话框中,选择"移动设备"选项卡中的 Android 1080p 选项,然后单击"创建"按钮新建图像文档,如图 3-103 所示。

步骤 02 选择"渐变"工具,在选项栏中选择"经典渐变"选项,单击右侧渐变预览,在弹出的"渐变编辑器"对话框中,设置渐变填充为 R:233 G:90 B:135 至 R:246 G:188 B:203 的线性渐变,然后使用"渐变"工具在画板底部单击,并按住鼠标左键向上拖曳,释放鼠标即可填充渐变,如图 3-104 所示。

图 3-103

图 3-104

步骤 03 选择"文件"|"置入嵌入对象"命令,置入所需的网格素材,如图 3-105 所示。选择"矩形"工具,在选项栏中设置绘制模式为"形状"。使用"矩形"工具在画板中绘制矩形,再调整参数设置为矩形圆角,然后在"图层"面板中设置"不透明度"为 65%,如图 3-106 所示。

步骤 04 在"图层"面板中,选中"图层 1",单击"添加图层蒙版"按钮添加图层蒙版。选择"画笔"工具,在选项栏中设置柔边圆画笔样式,"不透明度"为 30%,根据需要设置画笔大小,然后使用"画笔"工具调整蒙版效果,如图 3-107 所示。

图 3-105   图 3-106   图 3-107

步骤 05 在"图层"面板中,选中圆角矩形图层,并复制一层,然后设置"填充"为 0%。双击该图层,打开"图层样式"对话框。在该对话框中,选中"内阴影"选项,设置"混合模式"为"正常",颜色为白色,"不透明度"为 70%,"角度"为 133 度,"距离"为 15 像素,"大小"为 7 像素,然后单击"确定"按钮,如图 3-108 所示。

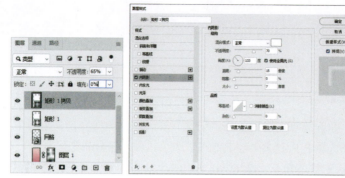

图 3-108

步骤 06 选择"文件"|"置入嵌入对象"命令，依次置入所需的素材文件，如图 3-109 所示。

步骤 07 在"图层"面板中，双击文字图层，打开"图层样式"对话框。在该对话框中，选中"渐变叠加"选项，设置"混合模式"为"正常"，"不透明度"为 100%，渐变为 R:231 G:134 B:149 至 R:232 G:62 B:62，选中"反向"复选框，设置"角度"为 -13 度，"缩放"为 80%，如图 3-110 所示。

图 3-109　　　　　　　　　　　　　图 3-110

步骤 08 在"图层样式"对话框中，选中"描边"选项，设置"大小"为 4 像素，"位置"为"外部"，颜色为 R:255 G:250 B:249，如图 3-111 所示。

步骤 09 在"图层样式"对话框中，选中"投影"选项，设置"混合模式"为"正片叠底"，颜色为 R:235 G:119 B:126，"不透明度"为 79%，"距离"为 10 像素，"大小"为 9 像素，然后单击"确定"按钮应用图层样式，完成效果如图 3-112 所示。

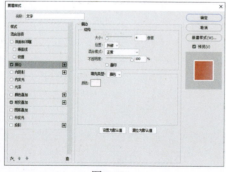
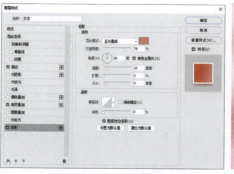

图 3-111　　　　　　　　　　　　　图 3-112

第4章 数字绘画与图像修饰

数字绘画与图像修饰是Photoshop的两大功能。数字绘画部分主要用到"画笔"工具、"橡皮擦"工具以及"画笔设置"面板。而图像修饰涉及的工具较多,大致可以分为两类:用于去除画面瑕疵的工具和图像局部修饰美化工具。

课堂案例1　使用"画笔"工具绘制阴影

"画笔"工具类似于传统的毛笔,它使用前景色绘制线条、涂抹颜色,可以轻松地模拟真实的绘画效果,也可以用来修改通道和蒙版效果,是Photoshop中最为常用的绘画工具。"画笔"工具绘制的方法很简单,在画面中单击,能够绘制出一个圆点;在画面中按住鼠标左键并拖动,即可轻松绘制出线条。

案例要点

- 使用"画笔"工具

操作步骤

步骤 01　打开一幅素材图像,选择"文件"|"置入嵌入对象"命令,将置入的图像调整到合适的大小和位置,按 Enter 键确认置入,如图 4-1 所示。

图 4-1

步骤 02　选择"图层"|"栅格化"|"智能对象"命令,将刚置入的对象所在图层栅格化。合成后的图像缺乏光影关系,显得不够真实。接下来为商品添加阴影,以便画面效果更加真实和自然。在"图层"面中选择"背景"图层,然后单击"创建新图层"按钮,在"背景"图层上方新建一个图层,如图 4-2 所示。

步骤 03　选择工具箱中的"画笔"工具,在选项栏中单击"画笔预设"选取器按钮,在弹出的下拉面板中选择"常规画笔"组中的"柔边圆"画笔,然后设置"大小"为300像素,"不透明度"为30%,如图 4-3 所示。

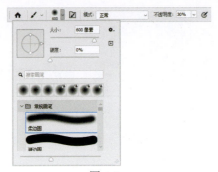

图 4-2　　　　　　　　　　　　　　　　图 4-3

步骤 04 接着设置合适的前景色，因为背景的颜色为粉色调，阴影应该具有相同的色彩倾向，所以在"颜色"面板中设置前景色为 R:196　G:72　B:101。设置完成后，将光标移动至商品的底部，按住鼠标左键拖动并进行涂抹，利用"画笔"工具绘制出阴影效果。为了让阴影更有层次感，再次新建图层，调整画笔笔尖大小，在更靠近商品的位置涂抹，完成效果如图 4-4 所示。

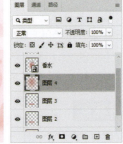

图 4-4

> **提示内容**
>
> 使用"画笔"工具、图章类、橡皮擦类等绘画和修复工具时，也可以在选项栏中设置不透明度。按下键盘中的数字键即可快速修改图层的不透明度。例如，按下 5，不透明度会变为 50%；按下 0，不透明度会恢复为 100%。

课堂案例 2　使用"画笔"工具制作烟雾效果

使用"画笔"工具结合"路径模糊"命令可以轻松制作出烟雾效果，增加画面的生动感。

案例要点
- 使用"画笔"工具
- 使用"路径模糊"滤镜命令

操作步骤

步骤 01 打开一幅素材图像，然后在"图层"面板中单击"创建新图层"按钮，创建"图层 1"，如图 4-5 所示。

步骤 02 将前景色设置为白色，然后选择"画笔"工具，在咖啡杯上方随意绘制两条曲线，如图 4-6 所示。

第 4 章 数字绘画与图像修饰

图 4-5　　　　　　　　　　　　　图 4-6

步骤 03 选择"滤镜"|"模糊画廊"|"路径模糊"命令,在工作界面适当调整路径起始位置与结束位置,并调整路径形态,然后在右侧面板中取消选中"居中模糊"复选框,拖动"速度"滑块以制作出烟雾效果,如图 4-7 所示。

图 4-7

课堂案例 3　使用"颜色替换"工具更改物品颜色

"颜色替换"工具 可以简化图像中特定颜色的替换操作,并使用校正颜色在目标颜色上绘画。该工具可以设置颜色取样的方式和替换颜色的范围。但"颜色替换"工具不适用于"位图""索引"或"多通道"颜色模式的图像。

案例要点

● 使用"颜色替换"工具

操作步骤

步骤 01 打开一幅素材图像,并按 Ctrl+J 键在"图层"面板中创建"图层 1",如图 4-8 所示。

步骤 02 选择"颜色替换"工具,在选项栏中设置画笔样式为柔边缘 80 像素,"模式"为"颜色",单击"取样:连续"按钮,设置"限制"为"连续",设置"容差"数值为 30%。在"颜色"面板中,设置前景色为 R:0 G:154 B:218,

图 4-8

移动光标至画面的彩球上，按住鼠标左键拖动，改变彩球颜色，如图4-9所示。

步骤 03 在"图层"面板中，单击"添加图层蒙版"按钮，为"图层1"添加图层蒙版。选择"画笔"工具，在选项栏中设置画笔大小10像素，然后使用"画笔"工具在图层蒙版中涂抹调整图像细节，如图4-10所示。

图4-9　　　　　　　　　　　　　　　图4-10

课堂案例 4　使用"魔术橡皮擦"工具为模特更换背景

"魔术橡皮擦"工具具有自动分析图像边缘的功能，用于擦除图层中具有相似颜色范围的区域，并以透明色代替被擦除区域。本例通过为模特更换背景，介绍"魔术橡皮擦"工具的使用方法。

案例要点

- 使用"魔术橡皮擦"工具

操作步骤

步骤 01 选择"文件"|"打开"命令，打开素材图像，如图4-11所示。

步骤 02 选择"魔术橡皮擦"工具，在选项栏中设置"容差"数值为32。然后使用"魔术橡皮擦"工具在图像画面背景中单击删除背景，如图4-12所示。

图4-11　　　　　　　　　　　　　　　图4-12

步骤 03 在"图层"面板中，按Ctrl键单击"创建新图层"按钮，在"图层0"下方新建"图层1"。在"颜色"面板中，设置前景色为R:183 G:211 B:198，然后按Alt+Delete快捷键填充前景色，如图4-13所示。

第 4 章　数字绘画与图像修饰

步骤 04　在"图层"面板中,选中"背景"图层。选择"文件"|"置入嵌入对象"命令,打开"置入嵌入的对象"对话框,选中需要的图像文件,然后单击"置入"按钮,如图 4-14 所示。

图 4-13

图 4-14

> **提示内容**
> 选择"魔术橡皮擦"工具后,选项栏各项参数作用如下。
> - "容差":用于设置被擦除图像颜色的范围。输入的数值越大,可擦除的颜色范围越大;输入的数值越小,被擦除的图像颜色与光标单击处的颜色越接近。
> - "消除锯齿"复选框:选中该复选框,可使被擦除区域的边缘变得柔和平滑。
> - "连续"复选框:选中该复选框,可以使擦除工具仅擦除与鼠标单击处相连接的区域。
> - "对所有图层取样"复选框:选中该复选框,可以使擦除工具的应用范围扩展到图像中所有可见图层。
> - "不透明度":用于设置擦除图像颜色的程度。设置为 100% 时,被擦除的区域将变成透明色;设置为 1% 时,不透明度将无效,将不能擦除任何图像画面。

步骤 05　调整置入图像的大小,然后按 Enter 键应用调整,效果如图 4-15 所示。

步骤 06　在"图层"面板中,选中"背景"图层。选择"文件"|"置入嵌入对象"命令,打开"置入嵌入的对象"对话框。在该对话框中,选中需要的图像文件,然后单击"置入"按钮。调整置入图像的大小,然后按 Enter 键应用调整,效果如图 4-16 所示。

图 4-15

图 4-16

> **知识拓展**
> Photoshop 中提供了 3 种擦除工具:"橡皮擦"工具、"魔术橡皮擦"工具和"背景橡皮擦"工具。"橡皮擦"工具是最基础也最常用的擦除工具。

课堂案例 5　使用"画笔"工具制作光斑

光斑是大小不一、颜色各异的亮点。光斑应用在设计作品中能够营造浪漫、绚丽的气氛。我们可以直接使用网络中的光斑素材，也可以根据自己的需要制作光斑效果。制作光斑效果并不复杂，使用"画笔"工具在"画笔设置"面板中设置形状动态、散布、颜色动态，即可制作分散、大小不一、颜色不一的圆点，从而模拟出光斑效果。

案例要点

- 使用"画笔"工具
- "画笔设置"面板

操作步骤

步骤 01 打开一幅素材图像，在"背景"图层上方新建图层，如图 4-17 所示。选择"画笔"工具，打开"画笔设置"面板。在"画笔笔尖形状"中选择一个圆形画笔，设置"大小"为 300 像素，"硬度"为 20%，"间距"为 200%，如图 4-18 所示。

步骤 02 在"画笔设置"面板左侧列表还可以启用画笔的各种属性，如形状动态、散布、纹理、双重画笔、颜色动态、传递、画笔笔势等。要想启用某种属性，需要在选项名称前单击，使之呈现出启用状态。接着单击选项的名称，即可进入该选项设置页面。单击"形状动态"选项，设置"大小抖动"为 80%，如图 4-19 所示。

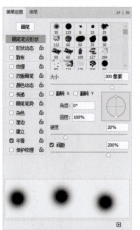

图 4-17　　　　　图 4-18　　　　　图 4-19

步骤 03 在"画笔设置"面板中单击"散布"选项，设置"散布"为 700%，如图 4-20 所示。继续单击"颜色动态"选项，选中"应用每笔尖"复选框，接着设置"色相抖动"为 100%，"亮度抖动"为 40%，"纯度"为 +100%，如图 4-21 所示，此时完成画笔设置。

步骤 04 将前景色设置为任意非黑白灰的颜色即可。在选项栏中设置画笔"不透明度"为 80%，然后在画面中按住鼠标左键拖曳绘制彩色斑点，并在"图层"面板中设置图层混合模式为"排除"，完成效果如图 4-22 所示。

图 4-20

图 4-21

图 4-22

课堂案例6　绘制科技线条效果

我们可以通过自定义画笔样式，结合"画笔设置"面板，绘制出变化多样的线条效果。

案例要点

- 定义画笔
- "画笔设置"面板

操作步骤

步骤 01 打开素材文件，新建一个图层，如图 4-23 所示。选择"画笔"工具，在选项栏中设置画笔"大小"为 3 像素，"硬度"为 100%，如图 4-24 所示。

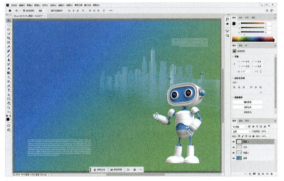
图 4-23

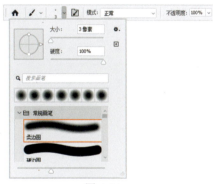
图 4-24

步骤 02 使用"自由钢笔"工具在图像中任意绘制一条路径，如图 4-25 所示。

步骤 03 在"路径"面板中右击"工作路径"，在弹出的快捷菜单中选择"描边路径"命令，在打开的"描边路径"对话框中，将"工具"改为"画笔"，然后单击"确定"按钮，如图 4-26 所示。

图 4-25

图 4-26

步骤 04 在"图层"面板中，按 Ctrl 键单击图层缩览图，载入选区。选择"编辑"|"定义画笔预设"命令，打开"画笔名称"对话框，单击"确定"按钮定义画笔，如图 4-27 所示。

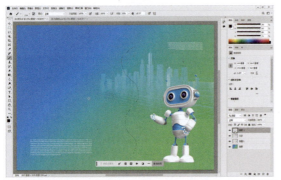

图 4-27

步骤 05 选择"画笔"工具，在"画笔设置"面板中，选中"平滑"选项，设置"间距"为 2%，如图 4-28 所示。选中"形状动态"选项，设置角度抖动的"控制"为"渐隐"，数值为 300，如图 4-29 所示。

步骤 06 在机器人图层下方新建一个图层，使用"画笔"工具在画面中绘制线条，并设置图层混合模式为"叠加"，完成效果如图 4-30 所示。

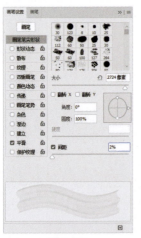
图 4-28

图 4-29

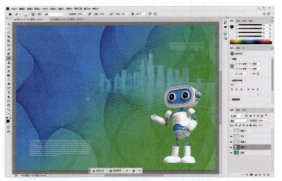
图 4-30

第 4 章　数字绘画与图像修饰

课堂案例 7　使用笔刷制作艺术字体

除了载入外挂画笔样式，还可以自定义画笔笔尖。本例通过"画笔设置"面板调整参数，制作艺术字体。

案例要点

- 使用"画笔"工具
- 定义画笔预设
- 使用"画笔设置"面板

操作步骤

步骤 01 选择"文件"|"新建"命令，打开"新建文档"对话框。在对话框中输入文档名称"Star"，设置"宽度"和"高度"数值为 700 像素，"分辨率"数值为 300 像素/英寸，在"背景内容"下拉列表中选择"透明"选项，然后单击"创建"按钮，如图 4-31 所示。

步骤 02 选择"多边形"工具，在选项栏中设置工具工作模式为"像素"，"边"数值为 5，单击"设置其他形状和路径选项"按钮，在弹出的下拉面板中选中"从中心"复选框，并设置"星形比例"数值为 50%，如图 4-32 所示。

图 4-31

图 4-32

步骤 03 使用"多边形"工具在图像中单击拖动绘制星形，然后选择"编辑"|"定义画笔预设"命令，打开"画笔名称"对话框。在对话框中输入名称，然后单击"确定"按钮，如图 4-33 所示。

步骤 04 选择"文件"|"打开"命令，打开 BG 图像文件。在"图层"面板中，单击"创建新图层"按钮，新建"图层 1"，如图 4-34 所示。

图 4-33

图 4-34

步骤 05 按 Shift+X 键，切换前景色和背景色。选择"画笔"工具，按 F5 键打开"画笔设置"面板。在"画笔笔尖形状"选项组中，设置"大小"为 110 像素，"间距"为 300%，如图 4-35 所示。在"画笔设置"面板中，选中"形状动态"复选框，设置"大小抖动"为 75%，"角度抖动"为 45%，如图 4-36 所示。

步骤 06 选中"散布"复选框，在显示的设置选项中，选中"两轴"复选框，设置"散布"为 1000%，"数量抖动"为 70%，然后使用"画笔"工具在图像中拖动绘制背景效果，如图 4-37 所示。

图 4-35　　　　　　　图 4-36　　　　　　　　　　图 4-37

步骤 07 选择"视图"|"显示"|"网格"命令，在工作界面中显示网格。选择"钢笔"工具，在选项栏中设置工具模式为"形状"，设置填充色为白色，描边为无，然后按住 Shift 键，在图像中绘制台阶形状，如图 4-38 所示。

步骤 08 再次选择"视图"|"显示"|"网格"命令隐藏网格。在"图层"面板中双击"形状 1"图层，打开"图层样式"对话框。在对话框中选中"投影"选项，单击"混合模式"右侧的色板，在打开的"拾色器 (投影颜色)"对话框中设置投影颜色为 R:79 G:87 B:150，设置"不透明度"数值为 55%，"角度"数值为 90 度，"距离"数值为 10 像素，"大小"数值为 250 像素，单击"等高线"选项右侧的箭头按钮，在弹出的下拉面板中选择"高斯"选项，然后单击"确定"按钮，如图 4-39 所示。

 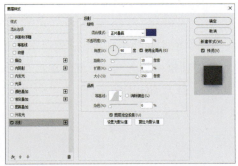

图 4-38　　　　　　　　　　　图 4-39

步骤 09 选择"文件"|"置入嵌入对象"命令，打开"置入嵌入的对象"对话框。在对话框中选择所需的图像文件，单击"置入"按钮。调整置入图像的位置及大小，调整完成后，按 Enter 键确认置入，效果如图 4-40 所示。

步骤 10 在"图层"面板中，选中"形状 1"图层，使用"横排文字"工具在图像中输入文字内容，按 Ctrl+Enter 键结束输入。然后在"属性"面板中设置字体为 Arial Rounded MT Bold，字体大小为 200 点，行距为 180 点，并单击"居中对齐文本"按钮，如图 4-41 所示。

步骤 11 在"图层"面板中,右击文字图层,在弹出的快捷菜单中选择"创建工作路径"命令,如图 4-42 所示。

步骤 12 单击"创建新图层"按钮,新建"图层 2"图层,并关闭文字图层视图,如图 4-43 所示。

图 4-40　　　　　　　　　　图 4-41

图 4-42　　　　　　　　　　图 4-43

步骤 13 选择"画笔"工具,并按 F5 键打开"画笔设置"面板。在"画笔笔尖形状"选项组中,选中"柔角 30"预设画笔样式,设置"大小"为 100 像素,如图 4-44 所示。

步骤 14 在"画笔设置"面板中,选中"形状动态"选项,设置"大小抖动"数值为 100%,"最小直径"数值为 20%,"角度抖动"数值为 20%,如图 4-45 所示。

步骤 15 在"画笔设置"面板中,选中"散布"选项,然后在设置选项区域选中"两轴"复选框,设置"散布"数值为 140%,"数量"数值为 5,"数量抖动"数值为 100%,如图 4-46 所示。

步骤 16 在"画笔设置"面板中,选中"纹理"选项,单击打开图案拾色器,在弹出的下拉面板中选择"旧版图案及其他"|"旧版图案"|"填充纹理"组,选中"云彩 (128×128 像素,灰度模式)"图案,然后设置"缩放"数值为 70%,"亮度"数值为 -65,在"模式"下拉列表中选择"颜色减淡"选项,如图 4-47 所示。

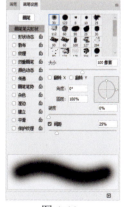

图 4-44　　　　图 4-45　　　　图 4-46　　　　图 4-47

步骤 17 在"画笔设置"面板中,选中"传递"选项,设置"不透明度抖动"数值为70%,"流量抖动"数值为75%,如图4-48所示。

步骤 18 在"路径"面板中,单击"用画笔描边路径"按钮 ○,使用画笔设置描边路径,如图4-49所示。

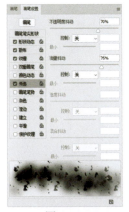

图 4-48　　　　　　　　　　　图 4-49

步骤 19 在"图层"面板中,选中文字图层,并按Ctrl+J键复制文字图层。打开复制的文字图层视图,右击鼠标,在弹出的菜单中选择"栅格化文字"命令栅格化文字图层,结果如图4-50所示。

步骤 20 选择"滤镜"|"模糊"|"高斯模糊"命令,打开"高斯模糊"对话框。在对话框中,设置"半径"数值为25像素,然后单击"确定"按钮,如图4-51所示。

步骤 21 双击复制的文字图层,打开"图层样式"对话框。在对话框中,选中"投影"选项,设置"不透明度"数值为70%,"角度"数值为-155度,"距离"数值为87像素,"大小"数值为250像素,然后单击"确定"按钮,如图4-52所示。

　　　　　　图 4-50　　　　　　　　　　　图 4-51

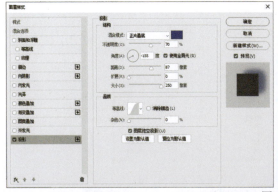

图 4-52

步骤 22 选择"文件"|"置入嵌入对象"命令,打开"置入嵌入的对象"对话框。在对话框中,选择所需的图像文件,单击"置入"按钮。调整置入图像的位置及大小,调整完成后按Enter

键确认置入,并按 Shift+Ctrl+] 键将其置于顶层,如图 4-53 所示。

步骤 23 双击 CLOUD 图层,打开"图层样式"对话框。在对话框中,选中"投影"选项,取消选中"使用全局光"复选框,设置"角度"数值为 123 度,"距离"数值为 20 像素,然后单击"确定"按钮,如图 4-54 所示。

图 4-53

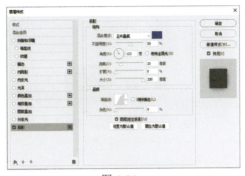

图 4-54

步骤 24 按 Ctrl+J 键复制 CLOUD 图层,并按 Ctrl+T 键应用"自由变换"命令调整复制图层的位置及大小,效果如图 4-55 所示。

步骤 25 选择"文件"|"置入嵌入对象"命令,打开"置入嵌入的对象"对话框。在对话框中,选择所需的图像文件,单击"置入"按钮。调整置入图像的位置及大小,调整完成后按 Enter 键确认置入,完成效果如图 4-56 所示。

图 4-55

图 4-56

课堂案例 8　使用"仿制图章"工具去除多余物体

"仿制图章"工具 可以将图像的一部分进行取样,然后将取样的图像应用到同一图像或其他图像的其他位置。该工具常用于复制对象或去除图像中的缺陷,如去除水印、消除人物脸部斑点皱纹、去除背景部分不相干的杂物、填补图像等。

案例要点

● 使用"仿制图章"工具

操作步骤

步骤 01 打开一幅素材图像,单击"图层"面板中的"创建新图层"按钮,创建新图层,如图 4-57 所示。

步骤 02 "仿制图章"工具可以使用任意的画笔笔尖，以更加准确地控制仿制区域的大小；还可以通过设置不透明度和流量来控制对仿制区域应用绘制的方式。选择"仿制图章"工具，在选项栏中设置一种画笔样式，如图 4-58 所示。

图 4-57　　　　　　　　　　　　　图 4-58

步骤 03 在"样本"下拉列表中选择"所有图层"选项。选中"对齐"复选框，可以对图像画面连续取样，而不会丢失当前设置的参考点位置，即使释放鼠标后也是如此，如图 4-59 所示；取消选中该复选框，则会在每次停止并重新开始仿制时，使用最初设置的参考点位置。

步骤 04 按住 Alt 键在要修复部位附近单击设置取样点，然后在要修复部位进行拖动涂抹。释放 Alt 键，在图像中拖动即可仿制图像。在修图过程中，需要不断进行重新取样。同时，还需要根据画面内容设置新的画笔样式，才能更好地保证画面效果，如图 4-60 所示。

图 4-59　　　　　　　　　　　　　图 4-60

知识拓展

"仿制图章"工具并不限定在同一幅图像中进行操作，也可以把某幅图像的局部内容复制到另一幅图像之中。在进行不同图像之间的复制时，可以将两幅图像并排排列在 Photoshop 窗口中，以便对照源图像的复制位置以及目标图像的复制结果，如图 4-61 所示。

图 4-61

课堂案例9　使用"污点修复画笔"工具清除背景

使用"污点修复画笔"工具 ![icon] 可以快速去除画面中的污点、划痕等图像中不理想的部分。"污点修复画笔"工具的工作原理是从图像或图案中提取样本像素来涂改需要修复的地方，使需要修复的地方与样本像素在纹理、亮度和不透明度上保持一致，从而达到使用样本像素遮盖需要修复的位置的目的。使用"污点修复画笔"工具不需要进行取样，只需确定需要修补图像的位置，然后在需要修补的位置单击并拖动鼠标，释放鼠标即可修复图像中的污点。

案例要点
- 使用"污点修复画笔"工具

操作步骤

步骤 01 打开一幅素材图像，在"图层"面板中单击"创建新图层"按钮，新建"图层1"，如图4-62所示。

步骤 02 选择"污点修复画笔"工具，在选项栏中设置合适的画笔样式，单击"类型"选项中的"内容识别"按钮，并选中"对所有图层取样"复选框，如图4-63所示。

图 4-62

图 4-63

提示内容

"污点修复画笔"工具选项栏主要选项作用如下。
- **"模式"**：用来设置修复图像时使用的混合模式。除"正常""正片叠底"等常用模式外，还有一个"替换"模式，这个模式可以保留画笔描边的边缘处的杂色、胶片颗粒和纹理。
- **"类型"**：用来设置修复方法。单击"近似匹配"按钮，将使用选区边缘周围的像素来修复选定区域的图像；单击"创建纹理"按钮，将使用选区中的所有像素创建一个用于修复该区域的纹理；单击"内容识别"按钮，会自动使用相似部分的像素对图像进行修复，同时进行完整匹配。

步骤 03 使用"污点修复画笔"工具直接在图像中需要去除的地方涂抹，就能立即修掉图像中不理想的部分；若修复点较大，可在选项栏中调整画笔大小再涂抹，如图4-64所示。

图 4-64

课堂案例 10　使用"修补"工具

"修补"工具 可以使用图像中其他区域或图案中的像素来修复选中的区域。"修补"工具会将样本像素的纹理、光照和阴影与源像素进行匹配。使用该工具时，用户既可以直接使用已经制作好的选区，也可以利用该工具制作选区。使用"修补"工具同样可以保持被修复区域的明暗度与周围相邻像素相近，通常用于修补范围较大、不太细致的修复区域。

案例要点
- 使用"修补"工具

操作步骤

步骤 01　打开一幅素材图像，按 Ctrl+J 键复制"背景"图层，如图 4-65 所示。

步骤 02　选择"修补"工具，在选项栏中将"修补"设置为"正常"，单击"源"按钮，然后将光标放在画面中单击并拖动鼠标创建选区，如图 4-66 所示。将"修补"设置为"正常"时，还可以选择图案进行修补。设置"修补"为"正常"后，单击图案后的 按钮，在下拉面板中选择一个图案，单击"使用图案"按钮，随即选区中将以图案进行修补。

图 4-65

图 4-66

> **提示内容**
> "修补"工具选项栏中主要选项作用如下。
> - "源"：单击"源"按钮时，将选区拖至要修补的区域，释放鼠标后，该区域的图像会修补原来的选区。
> - "目标"：单击"目标"按钮，将选区拖至其他区域时，可以将原区域内的图像复制到该区域。
> - "透明"：选中该复选框后，可以使修补的图像与原始图像产生透明的叠加效果，该选项适用于修补具有清晰分明的纯色背景或渐变背景的图像。

步骤 03　将光标移至选区内，向周围区域拖动，将周围区域图像复制到选区内遮盖原图像。修复完成后，按 Ctrl+D 键取消选区，如图 4-67 所示。

图 4-67

第 4 章　数字绘画与图像修饰

步骤 04　在选项栏中设置"修补"为"内容识别"，可以合成附近的内容，将选区内的图像与周围的内容无缝混合，如图 4-68 所示。

图 4-68

提示内容

使用选框工具、"魔棒"工具或套索工具等创建选区后，也可以用"修补"工具拖动选中的图像进行修补、复制。如果要进行复制，选择"修补"工具后，在选项栏中将"修补"设置为"正常"，单击"目标"按钮，然后将光标放在画面中要复制的区域单击并拖动鼠标创建选区。将光标移至选区内，向周围区域拖动，即可将选区内的图像复制到所需位置，如图 4-69 所示。

图 4-69

课堂案例 11　去除人物的红眼问题

在拍摄室内和夜景照片时，常常会出现照片中人物眼睛发红的现象，这就是通常说的红眼现象。这是由于拍摄环境的光线和摄影角度不当，而导致数码相机不能正确识别人眼颜色。

使用 Photoshop 应用程序中的"红眼"工具，可移去用闪光灯拍摄的人像或动物照片中的红眼，也可以移去用闪光灯拍摄的动物照片中的白色或绿色反光。

案例要点

- 使用"红眼"工具

操作步骤

步骤 01　打开一幅素材图像，按 Ctrl+J 键复制"背景"图层，如图 4-70 所示。
步骤 02　选择"红眼"工具后，在图像文件中红眼的部位单击即可。如果对修正效果不满意，可还原修正操作，在其选项栏中重新设置"瞳孔大小"数值，增大或减小受红眼工具影响的区

81

域。"变暗量"数值用于设置校正的暗度。选择"红眼"工具，设置"瞳孔大小"为80%，"变暗量"为50%，如图4-71所示。

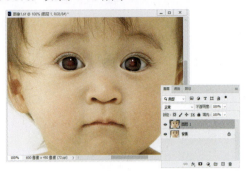
图4-70

图4-71

课堂案例 12　移动画面元素

"内容感知移动"工具可以让我们快速重组影像，而不需要通过复杂的图层操作或精确的选取操作。在选择该工具后，选择选项栏中的延伸模式可以栩栩如生地膨胀或收缩图像；移动模式可以将图像对象置入完全不同的位置(背景保持相似时最为有效)。

案例要点

● 使用"内容感知移动"工具

操作步骤

步骤 01　打开一幅素材图像，按 Ctrl+J 键复制"背景"图层，如图4-72所示。

步骤 02　选择"内容感知移动"工具后，在选项栏中设置"模式"为"移动"、"结构"数值为3、"颜色"数值为5，选中"对所有图层取样"复选框和"投影时变换"复选框，然后使用该工具在图像中圈选需要移动的部分图像，如图4-73所示。

图4-72

图4-73

步骤 03　将鼠标光标放置在选区内，按住鼠标左键并拖动选区内的图像。将选区内的图像移至所需位置，释放鼠标左键，显示定界框。将光标放置在定界框上，调整定界框大小。调整结束后，在选项栏中单击"提交变换"按钮或按 Enter 键应用移动，并按 Ctrl+D 组合键取消选区，完成效果如图4-74所示。

第 4 章　数字绘画与图像修饰

图 4-74

> **课堂案例 13**　使用"历史记录画笔"工具进行磨皮

使用"历史记录画笔"工具可以将图像编辑中的某个状态还原出来，将画面的局部还原到"历史记录"面板中标记的步骤。本例通过将画面整体进行模糊处理以及标记模糊步骤，然后还原到上一个步骤，再使用历史记录画笔对皮肤部分还原模糊操作，从而起到磨皮的作用。

案例要点

- 使用"历史记录画笔"工具

操作步骤

步骤 01　打开一幅素材图像，按 Ctrl+J 键复制"背景"图层，如图 4-75 所示。

步骤 02　选择"滤镜"|"模糊"|"高斯模糊"命令，在打开的"高斯模糊"对话框中设置"半径"为 14 像素，设置完成后单击"确定"按钮，如图 4-76 所示。

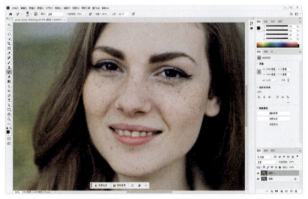

图 4-75　　　　　　　　　　　　图 4-76

步骤 03　选择"窗口"|"历史记录"命令，在弹出的"历史记录"面板中单击"高斯模糊"命令前方的按钮，将此设置为源，接着单击"高斯模糊"上方的记录，还原到上一个步骤的操作状态，如图 4-77 所示。

步骤 04　选择"历史记录画笔"工具，在选项栏中选择一个柔边圆画笔，设置合适的笔尖大小，将"不透明度"设置为 50%，然后在皮肤比较粗糙的位置按住鼠标左键拖曳涂抹，随着涂抹可以看到涂抹的位置显示刚刚高斯模糊的效果。继续进行涂抹，完成效果如图 4-78 所示。

图 4-77

图 4-78

课堂案例 14　模糊环境突出主体

"模糊"工具 ◊. 的作用是降低图像画面中相邻像素之间的反差，使边缘的区域变柔和，从而产生模糊的效果，还可以柔化模糊局部的图像。

案例要点

- 使用"模糊"工具

操作步骤

步骤 01 打开一幅素材图像，按 Ctrl+J 键复制"背景"图层。选择"模糊"工具，在选项栏中设置工具的"模式"和"强度"，如图 4-79 所示。

步骤 02 在使用"模糊"工具时，如果反复涂抹图像上的同一区域，会使该区域变得更加模糊不清，如图 4-80 所示。

图 4-79

图 4-80

提示内容

"模糊"工具选项栏主要选项作用如下。

- "模式"下拉列表：用于设置画笔的模糊模式，包括"正常""变暗""变亮""色相""饱和度""颜色"和"明度"。如果仅需要使画面局部模糊，那么选择"正常"即可。
- "强度"数值框：用于设置图像处理的模糊程度，参数数值越大，模糊效果越明显。
- "对所有图层取样"复选框：选中该复选框，模糊处理可以对所有的图层中的图像进行操作；取消选中该复选框，模糊处理只能对当前图层中的图像进行操作。

第 4 章　数字绘画与图像修饰

课堂案例 15　提升画面细节质感

"锐化"工具 △ 可以通过增强图像中相邻像素之间的颜色对比，来提高图像的清晰度。

案例要点
- 使用"锐化"工具

操作步骤

步骤 01　打开一幅素材图像，如图 4-81 所示，按 Ctrl+J 键复制"背景"图层。

步骤 02　选择"锐化"工具，在选项栏中设置"模式"与"强度"，并选中"保护细节"复选框，如图 4-82 所示。涂抹的次数越多，锐化效果越强烈。如果反复涂抹同一区域，会产生噪点和晕影。"模糊"工具和"锐化"工具适合处理小范围内的图像细节。如要对整幅图像进行处理，可以使用模糊和锐化滤镜。

图 4-81

图 4-82

课堂案例 16　使用"减淡"工具提亮肤色

"减淡"工具 通过提高图像的曝光度来提高图像的亮度，使用时在图像需要亮化的区域反复拖动即可亮化图像。

案例要点
- 使用"减淡"工具

操作步骤

步骤 01　打开一幅素材图像，按 Ctrl+J 键复制背景图层，如图 4-83 所示。

步骤 02　单击"调整"面板中的"黑白"选项，创建"黑白"调整图层，如图 4-84 所示。

步骤 03　在"图层"面板中，设置"黑白 1"调整图层的混合模式为"柔光"，如图 4-85 所示。

图 4-83

85

图 4-84　　　　　　　　　　　图 4-85

步骤 04　在"图层"面板中，选中"图层 1"图层，单击"创建新图层"按钮，新建"图层 2"图层，如图 4-86 所示。

步骤 05　在"色板"面板中，单击"50% 灰色"色板。按 Alt+Delete 键填充"图层 2"图层，并设置图层混合模式为"柔光"，如图 4-87 所示。

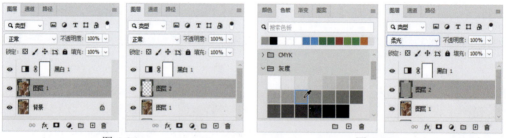

图 4-86　　　　　　　　　　　图 4-87

步骤 06　双击"黑白 1"调整图层，打开"属性"面板，设置"红色"数值为 131，"黄色"数值为 124，"洋红"数值为 200，如图 4-88 所示。

步骤 07　在"图层"面板中，选中"图层 2"图层。选择"减淡"工具，在选项栏中设置"曝光度"数值为 40%，然后使用"减淡"工具在人物面部暗部涂抹，如图 4-89 所示。

图 4-88　　　　　　　　　　　图 4-89

> **提示内容**
>
> "减淡"工具选项栏主要选项作用如下。
> - "范围"下拉列表：选择"阴影"选项表示仅对图像的暗色调区域进行亮化；"中间调"选项表示仅对图像的中间色调区域进行亮化；"高光"选项表示仅对图像的亮色调区域进行亮化。

- "曝光度"：用于设定曝光强度。可以直接在数值框中输入数值或单击右侧的▶按钮，然后在弹出的滑动条上拖动滑块来调整曝光强度。
- "保护色调"复选框：选中该复选框，可以保护图像的色调不受影响。

课堂案例 17　使用"加深"工具增强画面对比度

与"减淡"工具相反，"加深"工具用于降低图像的曝光度，通常用来加深图像的阴影或对图像中有高光的部分进行暗化处理。"加深"工具的选项栏与"减淡"工具的选项栏的内容基本相同，但使用它们产生的图像效果刚好相反。

案例要点
- 使用"加深"工具

操作步骤

步骤 01 打开一幅素材图像，按 Ctrl+J 键复制"背景"图层，如图 4-90 所示。

步骤 02 选择"加深"工具，在选项栏中设置柔边圆画笔样式，单击"范围"下拉按钮，从弹出的下拉列表中选择"中间调"选项，设置"曝光度"数值为 30%，然后使用"加深"工具在图像中进行拖动以加深颜色，如图 4-91 所示。

图 4-90

图 4-91

课堂案例 18　使用"海绵"工具局部去色

"海绵"工具可以精确地修改色彩的饱和度。如果图像是灰度模式，该工具可以通过使灰阶远离或靠近中间灰色来增加或降低对比度。

选择"海绵"工具后，在选项栏的"模式"下拉列表中包含"去色"和"加色"两个选项。选择"去色"选项，可以降低图像颜色的饱和度；选择"加色"选项，可以增加图像颜色的饱和度。

案例要点
- 使用"海绵"工具

操作步骤

步骤01 打开一幅素材图像，在工具箱中选择"磁性套索"工具，在选项栏中设置"羽化"数值为 2 像素，然后沿要保留色彩的唇部拖动鼠标，创建选区，如图 4-92 所示。

图 4-92

步骤02 按 Shift+Ctrl+I 键反选选区，选择工具箱中的"海绵"工具，在选项栏中设置合适的画笔样式，设置"模式"为"去色"，"流量"为 100%。接着在画面中按住鼠标左键拖动，光标经过的位置颜色变为灰色。反复涂抹选区内的图像，直至达到想要的去色效果，使画面中的红唇更加突出，最终效果如图 4-93 所示。

图 4-93

第5章 图像影调调整

不同的图像获取方式会产生不同的曝光问题，只有拍摄照片时正确捕捉光线，才能使照片呈现出曼妙光彩。如果照片曝光不正确，则会造成拍摄出的图像太暗或太亮。此时，图像画面会缺乏层次感，这就需要后期对照片的影调进行调整。在Photoshop中可以使用相应的调整命令调整图像的曝光问题，使图像文件更加符合用户编辑处理的需求。

课堂案例1　使用自动命令调整图像

在"图像"菜单下有3个用于自动调整图像颜色的命令："自动色调""自动对比度""自动颜色"。这3个命令无须进行参数设置，执行命令后，Photoshop会自动计算图像颜色和明暗中存在的问题并进行校正，适合用于处理照片中常见的偏色或者偏灰、偏暗、偏亮等问题。

案例要点

- 使用"自动颜色"命令
- 使用"自动对比度"命令

操作步骤

步骤01　打开一幅素材图像，如图 5-1 所示，按 Ctrl+J 键复制"背景"图层。

步骤02　"自动颜色"命令主要用于校正图像中颜色的偏差，通过搜索图像来标识阴影、中间调和高光，从而调整图像的对比度和颜色。默认情况下，"自动颜色"使用 RGB128 灰色这一目标颜色来中和中间调，并将阴影和高光像素剪切 0.5%。选择"图像"|"自动颜色"命令，可以看到画面色彩得到校正，调色效果如图 5-2 所示。

图 5-1

图 5-2

步骤03　"自动对比度"命令可以自动调整图像亮部和暗部的对比度。它将图像中最暗的像素转换为黑色，将最亮的像素转换为白色，从而增大图像的对比度。该命令常用于校正图像对比度过低的问题。选择"图像"|"自动对比度"命令，增加画面明暗反差，调色效果如图 5-3 所示。

图 5-3

> **知识拓展**
>
> "自动色调"命令可以自动调整图像中的黑场和白场,将每个颜色通道中最亮和最暗的像素映射到纯白(色阶为 255)和纯黑(色阶为 0),中间像素值按比例重新分布,从而增强图像的对比度。该命令常用于校正图像常见的偏色问题。

课堂案例 2　提升画面对比度

在"图像"|"调整"命令中可以使用针对图像明暗的调整命令调整图像的曝光问题。提高图像的明度可以使画面变亮,降低图像的明度可以使画面变暗;增强画面亮部区域的亮度并降低画面暗部区域的亮度,则可以增强画面对比度,反之则会降低画面对比度。

"亮度/对比度"命令常用于使图像变得更亮或更暗一些,校正图像对比度过低的问题,或弱化对比度使图像柔和。本例画面整体偏暗,可以通过"亮度/对比度"命令提亮画面,增强画面对比度。

案例要点

- 使用调整图层
- 使用"亮度/对比度"命令

操作步骤

步骤 01 打开一幅素材图像,选择"图层"|"新建调整图层"|"亮度/对比度"命令,在弹出的"新建图层"对话框中单击"确定"按钮,如图 5-4 所示,新建一个"亮度/对比度"调整图层。

图 5-4

> **知识拓展**
>
> "调整"命令是直接作用于原图层的,而调整图层则是通过创建以"色阶""色彩平衡""曲线"等调整命令功能为基础的图层,单独对其下方图层中的图像进行调整处理,并且不会破坏其下方的原图像文件。选择"图层"|"新建调整图层"命令,在其子菜单中选择所需的调整命令,或在"调整"面板中单击命令图标,即可创建调整图层。

第 5 章　图像影调调整

步骤 02　在显示的"属性"面板中，设置"亮度"为 50，提高整体画面的亮度；设置"对比度"为 5，增强画面明暗之间的对比度，如图 5-5 所示。

图 5-5

提示内容

"亮度"用来设置图像的整体亮度。数值为负值时，表示降低图像的亮度；数值为正值时，表示提高图像的亮度。"对比度"用于设置图像亮度对比度的强烈程度。数值为负值时，图像对比度减弱；数值为正值时，图像对比度增强。

课堂案例 3　增加画面层次感

用户可以通过设置图层的混合模式使暗部更暗，亮部更亮来提高画面对比度，以增强画面层次感；也可以使用"色阶"命令，通过调整图像的阴影、中间调和高光的强度级别，校正图像的色调范围和色彩平衡。本例使用"色阶"命令和通道选区增强画面层次感。

案例要点

- 使用"色阶"命令
- 使用通道创建选区

操作步骤

步骤 01　打开一幅素材图像，按 Ctrl+J 键复制"背景"图层。在"通道"面板中，按下 Ctrl 键的同时单击 RGB 通道载入选区，如图 5-6 所示。

图 5-6

步骤 02　在"调整"面板中，单击"创建新的色阶调整图层"图标，创建"色阶 1"调整图层。在展开的"属性"面板中拖曳输入色阶中的滑块，并在"图层"面板中设置图层的混合模式为"叠加"，如图 5-7 所示。

图 5-7

知识拓展

"色阶"对话框中的"预设"下拉列表包含 8 个预设调整选项,选择任意选项,即可将当前图像调整为预设效果。

在"输入色阶"区域中可以通过拖动滑块来调整图像的阴影、中间调和高光,同时也可以直接在对应的输入框中输入数值。左边的黑色滑块用于调节深色系的色调,右边的白色滑块用于调节浅色系的色调。将左侧滑块向右侧拖动,明度升高;将右侧滑块向左侧拖动,明度降低,如图 5-8 所示。

图 5-8

中间的滑块用于调节中间调,向左拖动"中间调"滑块,画面中间调区域会变亮,受其影响,画面大部分区域会变亮;向右拖动"中间调"滑块,画面中间调区域会变暗,受其影响,画面大部分区域会变暗,如图 5-9 所示。

图 5-9

在"输出色阶"区域中可以设置图像的亮度范围,从而降低对比度,使图像呈现褪色效果。向右拖动暗部滑块,画面暗部区域会变亮,画面会产生变灰的效果。向左拖动亮部滑块,画面亮部区域会变暗,如图 5-10 所示。

图 5-10

步骤 03 返回"通道"面板,选中 RGB 通道,然后按住 Ctrl 键单击"红"通道载入选区,如图 5-11 所示。

图 5-11

步骤 04 在"调整"面板中,单击"创建新的色阶调整图层"图标,创建"色阶 2"调整图层。在展开的"属性"面板中拖曳 RGB 通道和"蓝"通道输入色阶中的滑块,如图 5-12 所示。

图 5-12

步骤 05 在"通道"面板中按住 Ctrl 键单击"绿"通道,载入选区,如图 5-13 所示。在"调整"面板中,单击"创建新的色阶调整图层"图标,创建"色阶 3"调整图层。在展开的"属性"面板中拖曳 RGB 通道输入色阶中的滑块,如图 5-14 所示。

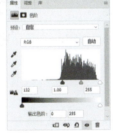

图 5-13　　　　　　　　　　　　　　　图 5-14

步骤 06 返回"图层"面板,设置"色阶 3"调整图层的"混合模式"为"叠加","不透明度"为 15%,如图 5-15 所示。

图 5-15

课堂案例4 调整逆光高反差画面

当光源偏向一侧时，拍摄的照片常常会出现背光区域细节丢失的现象。在Photoshop中可以通过一些常用命令解决这一问题。"调整"命令中的"曲线"子命令不仅可以对画面整体的明暗、对比程度进行调整，还可以对画面中的颜色进行调整，轻松打造出不同的色彩风格。本例使用"曲线"命令并结合图层蒙版调整画面逆光高反差的问题。

案例要点

- 使用"曲线"命令
- 选区的创建
- 图层蒙版的应用
- "画笔"工具的应用

操作步骤

步骤 01 打开一幅素材图像，按 Ctrl+J 键复制"背景"图层，如图 5-16 所示。

步骤 02 在"调整"面板中，单击"创建新的曲线调整图层"图标。在打开的"属性"面板中，调整 RGB 通道曲线形状，如图 5-17 所示。

图 5-16　　　　　　　　　　　　图 5-17

提示内容

在曲线"属性"面板的"预设"下拉列表中共有"彩色负片""反冲""较暗""加对比度""较亮""线形对比度""中对比度""负片"和"强对比度"9种曲线预设效果。

在曲线"属性"面板中，横轴用来表示图像原来的亮度值，相当于"色阶"对话框中的输入色阶；纵轴用来表示新的亮度值，相当于"色阶"对话框中的输出色阶；对角线用来显示当前"输入"和"输出"数值之间的关系。在没有进行调整时，所有的像素拥有相同的"输入"和"输出"数值。

曲线段上半部分控制画面亮部区域；中间段部分控制画面中间调区域；曲线下半部分控制画面暗部区域。在曲线上单击即可创建一个点，然后通过按住并拖动曲线点的位置调整曲线形态。将曲线上的点向左上移动可以使图像变亮，将曲线点向右下移动可以使图像变暗。

步骤 03 选择"画笔"工具，在选项栏中设置柔边画笔样式，"不透明度"为20%，然后使用"画笔"工具在"曲线 1"图层蒙版中涂抹人物面部暗色以外的区域，如图 5-18 所示。

步骤 04 按 Alt+Shift+Ctrl+E 键盖印图层，生成"图层 2"。按 Shift+Ctrl+Alt+2 键载入选区，效果如图 5-19 所示。

图 5-18

图 5-19

步骤 05 在"调整"面板中,单击"创建新的曲线调整图层"图标。在打开的"属性"面板中,调整 RGB 通道曲线形状,如图 5-20 所示。

步骤 06 在"图层"面板中,选中"图层 2"图层,并按 Ctrl+Alt+2 键载入选区,如图 5-21 所示。

图 5-20

图 5-21

步骤 07 在"调整"面板中,单击"创建新的曲线调整图层"图标。在打开的"属性"面板中,调整 RGB 通道曲线形状,如图 5-22 所示。

步骤 08 在"图层"面板中,选中"曲线 2"图层,按 Alt+Shift+Ctrl+E 键盖印图层,生成"图层 3"。在"调整"面板中,单击"创建新的色阶调整图层"图标。在打开的"属性"面板中,设置输入色阶数值为 0、1.74、255,如图 5-23 所示。

图 5-22

图 5-23

步骤 09 使用"画笔"工具在"色阶 1"图层蒙版中涂抹人物不需要提亮的区域,如图 5-24 所示。

步骤 10 在"图层"面板中,按 Alt+Shift+Ctrl+E 键盖印图层,生成"图层 4"。选择"污点修复画笔"工具,去除面部斑点,如图 5-25 所示。

图 5-24

图 5-25

知识拓展

在"色阶"命令、"曲线"命令等调整命令中,经常会看到当前图像的直方图。直方图是判断图像影调是否正常的重要参数之一。在"直方图"面板中使用图形表示图像中每个亮度级别的像素数量及像素的分布情况,对图像的影调调整起着至关重要的作用。直方图的左侧代表了图像的阴影区域,中间代表了中间调,右侧代表了高光区域。

当山峰分布在直方图左侧时,说明图像的细节集中在暗调区域,中间调和高光区域缺乏像素,通常情况下,该图像的色调较暗,如图 5-26 所示。

当山峰分布在直方图右侧时,说明图像的细节集中在高光区域,中间调和阴影缺乏细节,通常情况下,该图像为亮色调图像,如图 5-27 所示。

图 5-26

图 5-27

当山峰分布在直方图中间时,说明图像的细节集中在中间色调处。一般情况下,这表示图像的整体色调效果较好。但有时色彩的对比效果可能不够强烈,如图 5-28 所示。

当山峰分布在直方图的两侧时,说明图像的细节集中在阴影处和高光区域,中间调缺少细节,如图 5-29 所示。

图 5-28

图 5-29

当直方图的山峰起伏较小时，说明图像的细节在阴影、中间调和高光处分布较为均匀，色彩之间的过渡较为平滑，如图 5-30 所示。

在直方图中，如果山脉没有横跨直方图的整个长度，说明阴影和高光区域缺少必要的像素，如图 5-31 所示。

图 5-30　　　　　　　　　　　　　　图 5-31

课堂案例 5　调整图像曝光度

如果照片的曝光度不足，会导致画面昏暗，暗部缺乏细节。本例中整个画面曝光度不足，使用"曝光度"命令可以轻松校正这一问题。

案例要点
- 使用"曝光度"命令
- 使用"曲线"命令

操作步骤

步骤 01　打开一幅素材图像，按 Ctrl+J 键复制"背景"图层。选择"图像"|"调整"|"曝光度"命令，打开"曝光度"对话框，如图 5-32 所示。

图 5-32

提示内容

"曝光度"对话框中，各项参数作用如下。
- 预设：除"默认值"外，Photoshop 中预设了 4 种曝光效果，分别是"减 1.0""减 2.0""加 1.0"和"加 2.0"。
- "曝光度"：调整色调范围的高光端，对极限阴影的影响很轻微。
- "位移"：使阴影和中间调变暗，对高光的影响很轻微。
- "灰度系数校正"：使用简单的乘方函数调整图像灰度系数。

步骤 02 在该对话框中，设置"曝光度"为 0.18、"位移"为 –0.0399、"灰度系数校正"为 1.05，然后单击"确定"按钮，如图 5-33 所示。此时画面变亮，且细节对比效果更加明显，如图 5-34 所示。

图 5-33

图 5-34

> **提示内容**
> 使用黑场吸管工具在图像中单击，可以使单击点的像素变为黑色；使用白场吸管工具可以使单击点的像素变为白色；使用灰场吸管工具可以使单击点的像素变为中度灰色。

课堂案例 6 修复曝光过度

曝光过度的照片会使得局部过亮从而导致失真。要调整曝光过度的照片，可以先载入高光区域选区，降低其亮度，然后局部调整曝光度和色阶，恢复照片正常曝光下应有的效果。

案例要点
- 使用"曝光过度"命令
- 使用"可选颜色"命令

操作步骤

步骤 01 打开一幅素材图像，按 **Ctrl+J** 键复制"背景"图层，然后选择"滤镜"|"风格化"|"曝光过度"命令，效果如图 5-35 所示。

图 5-35

步骤 02 在"图层"面板中，设置图层混合模式为"差值"，"不透明度"为 50%，如图 5-36 所示。

第 5 章　图像影调调整

步骤 03 在"调整"面板中，单击"可选颜色"选项，在打开的"属性"面板中，单击"颜色"下拉按钮，在弹出的下拉列表中选择"黄色"选项，设置"青色"数值为 50%，"黄色"数值为 –25%，"黑色"数值为 80%，完成效果如图 5-37 所示。

图 5-36

图 5-37

> **提示内容**
> "曝光过度"命令可以混合负片和正片图像，模拟出拍摄中增加光线强度而产生的过度曝光效果。该滤镜无对话框。

课堂案例 7　还原画面细节

"阴影/高光"命令可以单独对画面中的阴影区域以及高光区域的明暗进行调整。"阴影/高光"命令常用于处理由于图像过暗造成的暗部细节缺失，以及图像过亮导致的亮部细节不明确等问题。在本例中可以使用"阴影/高光"命令提高画面亮度并还原画面暗部细节。

案例要点
- 使用"阴影/高光"命令

操作步骤

步骤 01 打开一幅素材图像，如图 5-38 所示，按 Ctrl+J 键复制"背景"图层。该图像画面由于过暗，导致细节不明显，因此需要对暗部区域进行调整。

步骤 02 选择"图像"|"调整"|"阴影/高光"命令，打开"阴影/高光"对话框，在对话框中设置"阴影"中的"数量"数值为 50%，如图 5-39 所示。此时画面的暗部变亮，且暗部细节变得清晰。

图 5-38　　　　　　　　　　　　　　图 5-39

步骤 03 "阴影/高光"对话框中可设置参数并不只有图 5-39 所示的两项，选中"显示更多选项"复选框后，可以显示"阴影/高光"的完整选项。"阴影"选项组与"高光"选项组的参数是相同的。在显示的更多选项中，设置"阴影"选项组的"色调"为80%，"调整"选项组的"中间调"为+10，此时画面亮度被提高了，细节更加丰富，效果如图5-40所示。

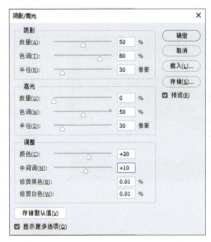

图 5-40

 提示内容

"阴影/高光"对话框中各项参数作用如下。

- "数量"：用来控制阴影/高光区域的亮度。阴影的"数量"越大，阴影区域就越亮；高光的"数量"越大，高光越暗。
- "色调"：用来控制色调的修改范围，值越小，修改的范围越小。
- "半径"：用来控制每个像素周围的局部相邻像素的范围大小。相邻像素用于确定像素是在阴影还是在高光区域中。数值越小，范围越小。
- "颜色"：用来控制画面颜色感的强弱，数值越小，画面饱和度越低；数值越大，画面饱和度越高。
- "中间调"：用来调整中间调的对比度，数值越大，中间调的对比度越强。
- "修剪黑色"：该选项可以将阴影区域变为纯黑色，数值的大小用于控制变化为黑色阴影的范围。数值越大，变为黑色的区域越大，画面整体越暗。最大数值为50%，过大的数值会使图像丧失过多细节。
- "修剪白色"：该选项可以将高光区域变为纯白色，数值的大小用于控制变化为白色高光的范围。数值越大，变为白色的区域越大，画面整体越亮。最大数值为50%，过大的数值会使图像丧失过多细节。
- "存储默认值"：如果要将对话框中的参数设置存储为默认值，可以单击该按钮。存储为默认值后，再次打开"阴影/高光"对话框时，就会显示该参数。

第6章　图像色彩调整

调色是数码照片编辑中非常重要的功能，图像的色彩在很大程度上能够决定图像的好坏，与图像主题相匹配的色彩才能够正确传达图像的内涵。对于设计作品也是一样，正确使用色彩也是非常重要的。不同的颜色往往带有不同的情感倾向，对于观者心理产生的影响也不同。在Photoshop中，我们不仅要学习如何使用画面的色彩，还可以通过调色技术的使用，制作各种各样风格化的效果。

课堂案例1　使用"色相/饱和度"命令制作单色海报

"色相/饱和度"命令主要用于改变图像像素的色相、饱和度和明度，也可以通过给像素定义新的色相和饱和度，实现给灰度图像上色的功能，还可以制作单色调效果。需要注意的是，由于位图和灰度模式的图像不能使用"色相/饱和度"命令，因此使用前必须先将其转换为RGB模式或其他的颜色模式。

案例要点

- 使用"色相/饱和度"命令

操作步骤

步骤 01　打开一幅素材图像，按Ctrl+J键复制图像"背景"图层，如图6-1所示。

步骤 02　选择"图像"|"调整"|"色相/饱和度"命令，或按Ctrl+U键，打开"色相/饱和度"对话框。选中"着色"复选框，设置"色相"为144，"饱和度"为23，"明度"为–16，然后单击"确定"按钮，如图6-2所示。

图6-1

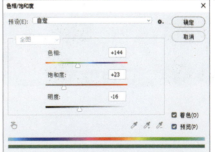

图6-2

步骤 03　在"图层"面板中，单击"添加图层蒙版"按钮添加蒙版，如图6-3所示。选择"画笔"工具，在蒙版中擦除不需要着色的部分，如图6-4所示。

图 6-3　　　　　　　　　　　　　　　图 6-4

步骤 04　按 Ctrl 键单击"图层 1"图层蒙版，载入选区。在"调整"面板中，单击"曝光度"选项，再在展开的"属性"面板中适当调整参数，如图 6-5 所示。

步骤 05　选择"文件"|"置入嵌入对象"命令，添加装饰素材，完成效果如图 6-6 所示。

图 6-5　　　　　　　　　　　　　　　图 6-6

提示内容

"色相/饱和度"对话框中主要参数作用如下。

- "预设"：该下拉列表中提供了"氰版照相""进一步增加饱和度""增加饱和度""旧样式""红色提升""深褐""强饱和度"和"黄色提升"8 种选项，如图 6-7 所示。

(a) 氰版照相　　　(b) 进一步增加饱和度　　(c) 增加饱和度　　(d) 旧样式

(a) 红色提升　　　(b) 深褐　　　(c) 强饱和度　　　(d) 黄色提升

图 6-7

- "色相"：调整滑块或直接设置色相数值，可以更改画面各个部分或某种颜色的色相。
- "饱和度"：调整滑块或直接设置饱和度数值，可以增强或减弱画面整体或某种颜色的鲜艳程度。数值越大，颜色越艳丽。
- "明度"：调整滑块或直接设置明度数值，可以使画面整体或某种颜色的明亮程度增加。数值越大，越接近白色；数值越小，越接近黑色。

- 🖐：选中该工具，在图像上单击设置取样点，然后将光标向左拖动可以降低图像的饱和度，向右拖动可以增加图像的饱和度。

如果想要调整画面某种颜色的色相、饱和度、明度，可以在"颜色通道"列表中选择红色、黄色、绿色、青色、蓝色或洋红通道，然后进行调整。

课堂案例2　使用"Lab 颜色"命令制作黑金色调

在Photoshop中可以通过编辑Lab通道，快速制作流行的黑金色调画面效果。

案例要点

- 使用 Lab 通道调整图像
- 使用"Lab 颜色"命令

操作步骤

步骤01 打开一幅素材图像，选择"图像"|"模式"|"Lab 颜色"命令，如图 6-8 所示。

图 6-8

步骤02 打开"通道"面板，选中 b 通道，按 Ctrl+A 键全选图像，按 Ctrl+C 键复制，如图 6-9 所示。

步骤03 在"通道"面板中，选中 a 通道，按 Ctrl+V 键粘贴，如图 6-10 所示。

图 6-9　　　　　　　　　　　　　　图 6-10

步骤04 在"通道"面板中，选中 Lab 通道，如图 6-11 所示。在"调整"面板中，单击"曝光度"选项，再在展开的"属性"面板中选择"青色"，适当降低饱和度，效果如图 6-12 所示。

图 6-11　　　　　　　　　　　　　　图 6-12

步骤05 在"属性"面板中选择"红色"，调整"色相"数值为 15，如图 6-13 所示。

步骤 06 在"调整"面板中,单击"曲线"选项,再在展开的"属性"面板中调整曲线形态,提升画面对比,完成效果如图 6-14 所示。

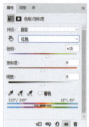

图 6-13　　　　　　　　　　　　　　图 6-14

课堂案例 3　使用"自然饱和度"命令制作中性灰色调

"自然饱和度"命令可以增加或减少画面颜色的鲜艳程度,常用于使照片更加明艳,或打造出复古怀旧的低饱和度效果。"自然饱和度"命令还可防止肤色过度饱和。

案例要点

- 使用"自然饱和度"命令

操作步骤

步骤 01 打开一幅素材图像,在"调整"面板中单击"自然饱和度"选项,再在展开的"属性"面板中设置"自然饱和度"为 –71,"饱和度"为 33,如图 6-15 所示。

步骤 02 接着在"调整"面板中单击"曝光度"选项,再在展开的"属性"面板中设置"曝光度"为 0.4,"位移"为 0.0207,"灰度系数校正"为 1.12,完成效果如图 6-16 所示。

图 6-15　　　　　　　　　　　　　　图 6-16

> **提示内容**
>
> 向左拖动"自然饱和度"滑块,可以降低某种颜色的饱和度;向右拖动"自然饱和度"滑块,可以增加某种颜色的饱和度。向左拖动"饱和度"滑块,可以增加所有颜色的饱和度;向右拖动"饱和度"滑块,可以降低所有颜色的饱和度。

课堂案例 4　使用"色彩平衡"命令还原色彩

"色彩平衡"命令根据颜色的补色原理,控制图像颜色的分布。根据颜色之间的互补关系,要减少某种颜色就需要增加这种颜色的补色。所以,"色彩平衡"命令常用于偏色的校正。

第 6 章　图像色彩调整

案例要点

- 使用"色彩平衡"命令

操作步骤

步骤 01 打开一幅图像文件,在"调整"面板中单击"色彩平衡"选项,再在展开的"属性"面板中设置中间调参数,如图 6-17 所示。

图 6-17

步骤 02 在"属性"面板中的"色调"下拉列表中选择"阴影"选项,设置阴影参数如图 6-18 所示。

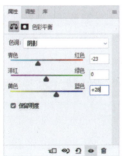

图 6-18

提示内容

在"色调"下拉列表中可以选择"阴影""中间调"和"高光"3 个色调调整范围。选中其中任一选项后,可以对相应色调的颜色进行调整。色阶数值框可以调整 RGB 到 CMYK 色彩模式间对应的色彩变化,其取值范围为 –100~100。用户也可以拖动数值框下方的颜色滑块调整"青色-红色"、"洋红-绿色"及"黄色-蓝色"在图像中所占的比例。选中"保持明度"复选框,则可以在调整色彩时保持图像明度不变。

课堂案例 5　使用"照片滤镜"命令调整照片色调

"照片滤镜"命令可以模拟通过彩色校正滤镜拍摄照片的效果。该命令允许用户选择预设的颜色或者自定义的颜色向图像应用色相调整。

案例要点

- 使用"照片滤镜"命令

操作步骤

步骤 01 打开一幅素材图像，在"调整"面板中单击"照片滤镜"选项，再在展开的"属性"面板中的"滤镜"下拉列表中选择一种预设的效果应用到图像中，如选择"Sepia"，设置"密度"数值为80%，此时图像效果如图6-19所示。

步骤 02 在"调整"面板中单击"曲线"选项，再在展开的"属性"面板中调整曲线形态，提亮画面后的效果如图6-20所示。

图 6-19　　　　　　　　　　　　　　　图 6-20

提示内容

如果列表中没有合适的颜色，也可以直接选中"颜色"单选按钮，然后单击右侧色板，打开"拾色器(照片滤镜颜色)"对话框自定义合适的颜色。设置"密度"数值可以调整滤镜颜色应用到图像中的百分比。数值越高，应用到图像中的颜色浓度就越高；数值越小，应用到图像中的颜色浓度就越低。

课堂案例 6　使用"通道混合器"命令制作胶片效果

"通道混合器"命令可以使用图像中现有(源)颜色通道的混合来修改目标(输出)颜色通道，从而控制单个通道的颜色量。利用该命令可以创建高品质的灰度图像，或者校正偏色图像，也可以对图像进行创造性的颜色调整。

案例要点

- 使用"通道混合器"命令

操作步骤

步骤 01 打开一幅素材图像，选择"图像"|"调整"|"通道混合器"命令，打开"通道混合器"对话框，如图6-21所示。

 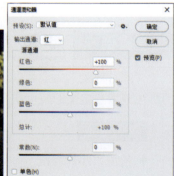

图 6-21

第 6 章　图像色彩调整

知识拓展

选择的图像颜色模式不同,打开的"通道混合器"对话框也会略有不同。"通道混合器"命令只能用于 RGB 和 CMYK 模式的图像,并且在执行该命令之前,必须在"通道"面板中选择主通道,而不能选择分色通道。在"通道混合器"对话框中,各选项作用如下。

- "预设":Photoshop 提供了 6 种制作黑白图像的预设效果,如图 6-22 所示。

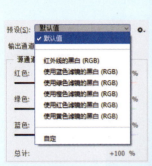

图 6-22

- "输出通道":在该下拉列表中可以选择一种通道来对图像的色调进行调整。
- "源通道"选项组:用来设置输出通道中源通道所占的百分比。将一个源通道的滑块向左拖动时,可减少该通道在输出通道中所占的百分比;向右拖动时,则增加百分比。
- "总计"选项显示了源通道的总计值。如果合并的通道值高于 100%,Photoshop 会在总计显示警告图标。
- "常数":用于调整输出通道的灰度值。如果常数设置的是负数,会增加更多的黑色;如果常数设置的是正数,会增加更多的白色。
- "单色":选中该复选框,可将彩色的图像变为无色彩的灰度图像。可以通过调整各个通道的数值,来调整画面的黑白关系。

在"通道混合器"对话框中,单击"预设"选项右侧的"预设选项"按钮,在弹出的菜单中选择"存储预设"命令,打开"存储"对话框。在该对话框中,可以将当前自定义参数设置存储为 CHA 格式文件。当重新执行"通道混合器"命令时,可以从"预设"下拉列表中选择自定义参数设置。

步骤 02 在该对话框中,设置"输出通道"为"红"。然后设置"源通道"选项组中的"红色""绿色"和"蓝色"数值,如图 6-23 所示。

步骤 03 在"常数"数值框中输入数值,调整通道的灰度值,完成效果如图 6-24 所示。

图 6-23　　　　　　　　　　　　　　图 6-24

课堂案例 7　使用"黑白"命令制作双色照片

"黑白"命令可将彩色图像转换为灰度图像,同时保持对各颜色的转换方式的完全控制。此外,选择该命令也可以为灰度图像着色,将彩色图像转换为单色图像。

> **案例要点**

- 使用"黑白"命令

> **操作步骤**

步骤 01 打开一幅素材图像,选择"图像"|"调整"|"黑白"命令,打开"黑白"对话框。Photoshop 会基于图像中的颜色混合执行默认的灰度转换,如图 6-25 所示。

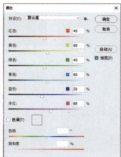

图 6-25

> **知识拓展**

选择"图像"|"调整"|"去色"命令无须设置任何参数,可以直接将图像中的颜色饱和度降为 0,使其成为灰度图像,如图 6-26 所示。这个命令可保持原来的彩色模式,只是将彩色图像变为灰阶图。

图 6-26

步骤 02 在"黑白"对话框中的"预设"下拉列表中选择一个预设的调整设置,然后拖动各个颜色滑块以调整图像中特定颜色的灰色调,如图 6-27 所示。

步骤 03 选中"色调"复选框,单击颜色按钮可以打开"拾色器"对话框,在对话框中调整色调颜色,完成效果如图 6-28 所示。

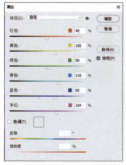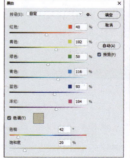

图 6-27　　　　　　　　　　图 6-28

第 6 章　图像色彩调整

 提示内容

如果要对灰度应用色调，可在"黑白"对话框中选中"色调"复选框，然后调整"色相"和"饱和度"滑块，如图 6-29 所示。"色相"滑块可更改色调颜色，"饱和度"滑块可提高或降低颜色的集中度。单击颜色按钮可以打开"拾色器"对话框调整色调颜色，如图 6-30 所示。

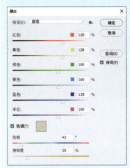
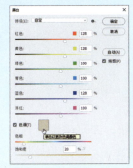
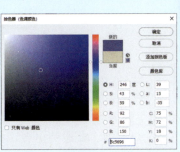

图 6-29　　　　　　　　　　　　　　　　图 6-30

课堂案例 8　使用"渐变映射"命令制作暖色调效果

"渐变映射"命令用于将相等的图像灰度范围映射到指定的渐变填充色中。如果指定的是双色渐变填充，图像中的阴影会映射到渐变填充的一个端点颜色，高光则映射到另一个端点颜色，而中间调则映射到两个端点颜色之间的渐变。

案例要点

使用"渐变映射"命令

操作步骤

步骤 01　打开一幅素材图像，按 Ctrl+J 键复制"背景"图层。选择"图像"|"调整"|"渐变映射"命令，打开"渐变映射"对话框，如图 6-31 所示。

图 6-31

步骤 02　通过单击渐变预览，打开"渐变编辑器"对话框，在该对话框中可以选择或重新编辑一种渐变应用到图像上，如图 6-32 所示。

 提示内容

"渐变映射"对话框中主要选项作用如下。
- "仿色"：选中该复选框后，Photoshop 会添加一些随机的杂色来平滑渐变效果。
- "反向"：选中该复选框后，可以反转渐变的填充方向，映射出的渐变效果也会发生变化。

109

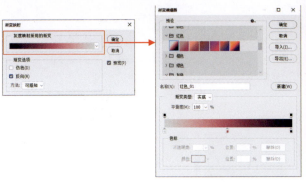 

图 6-32

步骤 03 单击"渐变映射"对话框中的"确定"按钮，即可应用设置的渐变效果到图像中。渐变映射会改变图像色调的对比度。要避免出现这种情况，可以将应用"渐变映射"的图层混合模式设置为"颜色"，这样只改变图像的颜色，不会影响亮度，如图 6-33 所示。也可以将混合模式设置为其他选项，调整画面色调效果，如图 6-34 所示。

图 6-33　　　　　　　　　　　　　　图 6-34

课堂案例 9　使用"可选颜色"命令制作清冷色调

"可选颜色"命令可以为图像中各个颜色通道增加或减少某种印刷色的成分含量。使用"可选颜色"命令，可以有针对性地调整图像中某个颜色或校正色彩平衡等颜色问题。

案例要点

- 使用"可选颜色"命令

操作步骤

步骤 01 打开一幅素材图像，按 Ctrl+J 键复制"背景"图层，如图 6-35 所示。

步骤 02 选择"滤镜"|"Camera Raw 滤镜"命令，打开"Camera Raw"对话框。在对话框中，使用"白平衡"工具在图像中单击中间色，恢复图像白平衡，然后单击"确定"按钮，如图 6-36 所示。

步骤 03 按 Ctrl+J 键复制"图层 1"图层，选择"滤镜"|"其他"|"高反差保留"命令，打开"高反差保留"对话框。在对话框中，设置"半径"数值为 2 像素，单击"确定"按钮，如图 6-37 所示。

步骤 04 在"图层"面板中，设置"图层 1 拷贝"图层的混合模式为"叠加"，如图 6-38 所示。

第 6 章　图像色彩调整

图 6-35　　　　　　　　　　　　　　图 6-36

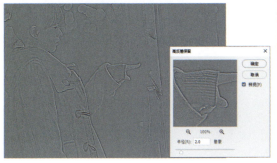

图 6-37　　　　　　　　　　　　　　图 6-38

步骤 05　按 Shift+Ctrl+Alt+E 键盖印图层，生成"图层 2"图层。并按 Shift+Ctrl+Alt+2 键调取图像高光区域，如图 6-39 所示。选择"选择"|"反选"命令，反选选区，如图 6-40 所示。

图 6-39　　　　　　　　　　　　　　图 6-40

步骤 06　在"调整"面板中，单击"照片滤镜"选项，打开"属性"面板。在"属性"面板的"滤镜"下拉列表中选择"Deep Emerald"选项，并设置"密度"数值为 70%，如图 6-41 所示。

步骤 07　选择"画笔"工具，在选项栏中设置柔边圆画笔样式，"不透明度"数值为 20%，然后使用"画笔"工具在图层蒙版中涂抹人物面部，如图 6-42 所示。

图 6-41　　　　　　　　　　　图 6-42

步骤 08　按 Shift+Ctrl+Alt+E 键盖印图层，生成"图层 3"图层。在"调整"面板中，单击"可选颜色"选项，打开"属性"面板。在"属性"面板中，设置青色的"洋红"数值为100%，"黄色"数值为 –25%，如图 6-43 所示。

步骤 09　在"属性"面板的"颜色"下拉列表中选择"黑色"选项，设置黑色的"青色"数值为 25%，"洋红"数值为 12%，"黄色"数值为 –15%，完成效果如图 6-44 所示。

图 6-43　　　　　　　　　　　　　图 6-44

> **提示内容**
> 在"属性"面板的"可选颜色"选项组中可设置颜色的调整方式，选中"相对"单选按钮，可按照总量的百分比修改现有的青色、洋红、黄色或黑色的含量；选中"绝对"单选按钮，则采用绝对值调整颜色。

课堂案例 10　使用"匹配颜色"命令制作梦幻色彩

"匹配颜色"命令可以将一个图像(源图像)的颜色与另一个图像(目标图像)中的颜色相匹配，它比较适合使多个图像的颜色保持一致，还可以匹配多个图层和选区之间的颜色。

案例要点

- 使用"匹配颜色"命令

操作步骤

步骤 01　打开两幅素材图像，图像 1 为目标文件，图像 2 为源文件，如图 6-45 所示。

图 6-45

步骤 02　选中图像 1，选择"图像"|"调整"|"匹配颜色"命令，打开"匹配颜色"对话框。在"匹配颜色"对话框中，首先在"图像统计"选项组中设置源图像，在"源"下拉列表中选择图像 2，如图 6-46 所示。

第 6 章　图像色彩调整

图 6-46

> **提示内容**
>
> "匹配颜色"对话框中各选项作用如下。
> - "使用源选区计算颜色"：可以使用源图像中的选区图像的颜色来计算匹配颜色。
> - "使用目标选区计算调整"：可以使用目标图像中的选区图像的颜色来计算匹配颜色（注意，这种情况必须选择源图像为目标图像）。
> - "源"：在此下拉列表中可以选取要将其颜色与目标图像中的颜色相匹配的源图像。
> - "图层"：在此下拉列表中可以从要匹配其颜色的源图像中选取图层。
> - "明亮度"：拖动此选项下方的滑块可以调节图像的亮度，设置的数值越大，得到的图像亮度越亮，反之则越暗。
> - "颜色强度"：拖动此选项下方的滑块可以调节图像的颜色饱和度，设置的数值越大，得到的图像所匹配的颜色饱和度越大。
> - "渐隐"：拖动此选项下方的滑块可以设置匹配后图像和源图像颜色的相近程度，设置的数值越大，得到的图像效果越接近颜色匹配前的效果。
> - "中和"：选中此复选框，可以自动去除目标图像中的色痕。

步骤 03 接着可以对其参数进行设置，将两幅图像进行匹配颜色操作后，可以产生不同的视觉效果，如图 6-47 所示。

图 6-47

课堂案例 11　使用"替换颜色"命令更改物品颜色

使用"替换颜色"命令可以修改图像中选定颜色的色相、饱和度和明度，从而将选定的颜色替换为其他颜色。

案例要点

- 使用"替换颜色"命令

113

操作步骤

步骤 01 打开一幅素材图像，选择"图像"|"调整"|"替换颜色"命令，打开"替换颜色"对话框，如图 6-48 所示。

 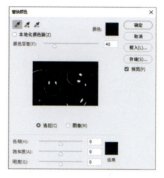

图 6-48

步骤 02 首先需要在画面中取样，设置需要替换的颜色。默认情况下，选择"吸管"工具，将光标移到需要替换颜色的位置单击拾取颜色，此时缩览图中白色的区域代表被选中（也就是会被替换的部分）。在拾取颜色时，可以配合容差值进行调整，如图 6-49 所示。

图 6-49

步骤 03 如果有未选中的区域，可以使用"添加到取样"按钮，在未选中的位置单击，直到需要替换颜色的区域全部被选中（在缩览图中变为白色），如图 6-50 所示。

步骤 04 在对话框中，调整"色相""饱和度"和"明度"选项设置替换颜色，"结果"色块显示出替换后的颜色效果，如图 6-51 所示。设置完成后，单击"确定"按钮。

图 6-50　　　　　　　　　　图 6-51

第 6 章　图像色彩调整

课堂案例 12　使用"HDR 色调"命令模拟 HDR 效果

HDR图像是用事先拍摄好的多张不同曝光度的照片合成的。如果没有这样的素材，可以通过"HDR色调"命令，将普通的单幅照片改造成HDR效果。

案例要点

- 使用"HDR 色调"命令

操作步骤

步骤 01　打开一幅素材图像，选择"图像"|"调整"|"HDR 色调"命令，打开"HDR 色调"对话框，在"边缘光"选项组中，将"半径"数值调到最大，使调整范围扩大到整个图像区域，再将"强度"值设置为 0.10，如图 6-52 所示。

图 6-52

步骤 02　在"色调和细节"选项组中，将"曝光度"数值降低到 -0.32，"细节"数值降低到 -70%，弥补因为曝光过度造成的细节缺失，如图 6-53 所示。

步骤 03　在"高级"选项组中，设置"阴影"为 -30%，"高光"为 +5%，"饱和度"为 +10%，然后单击"确定"按钮，效果如图 6-54 所示。

图 6-53　　　　　　　　　　　　　　　　图 6-54

知识拓展

在"HDR 色调"对话框中，默认的参数增强了画面的细节感和颜色感。在"预设"下拉列表中，选择预设效果可以快速为图像赋予该效果。预设效果虽然有很多种，但实际应用时会与预期有一定差距，所以可以先选择一个与预期效果接近的"预设"，然后适当修改下方的参数，以制作出合适的效果。

- "半径"：边缘光是指图像中颜色交界处产生的发光效果。半径数值用于控制发光区域的宽度。
- "强度"：用于控制发光区域的明亮程度。
- "灰度系数"：用于控制图像的明暗对比。向左拖动滑块，数值变大，对比度增强；向右拖动滑块，数值变小，对比度减弱，如图 6-55 所示。
- "曝光度"：用于控制图像明暗。数值越小，画面越暗；数值越大，画面越亮，如图 6-56 所示。

(a) 灰度系数：2　　(b) 灰度系数：0.01　　(a) 曝光度：-1　　(b) 曝光度：+1

图 6-55　　　　　　　　　　　图 6-56

- "细节"：增强或减弱像素对比度以实现柔化图像或锐化图像。数值越小，画面越柔和；数值越大，画面越锐利，如图 6-57 所示。
- "阴影"：设置阴影区域的明暗。数值越小，阴影区域越暗；数值越大，阴影区域越亮。
- "高光"：设置高光区域的明暗。数值越小，高光区域越暗；数值越大，高光区域越亮。
- "自然饱和度"：控制图像中色彩的饱和程度，增大数值可使画面颜色感增强，但不会产生灰度图像和溢色。
- "饱和度"：可用于增强或减弱图像颜色的饱和程度，数值越大，颜色纯度越高，数值为 -100% 时为灰度图像，如图 6-58 所示。

(a) 细节：-5　　(b) 细节：+135　　(a) 饱和度：-40　　(b) 饱和度：+40

图 6-57　　　　　　　　　　　图 6-58

- "色调曲线和直方图"：展开该选项组，可以进行"色调曲线"形态的调整，此选项与"曲线"命令的使用方法基本相同。

第7章 蒙版与合成

"蒙版"原本是摄影术语,是指用于控制照片不同区域曝光的传统暗房技术。Photoshop中的蒙版功能主要用于画面的修饰与"合成"。Photoshop中共有4种蒙版:剪贴蒙版、图层蒙版、矢量蒙版和快速蒙版。这4种蒙版的原理与操作方式各不相同。

课堂案例1　使用图层蒙版制作多重曝光效果

多重曝光是摄影中采用两次或多次独立曝光并重叠起来组成一张照片的技术,可以在一张照片中展现双重或多重影像效果。用图层蒙版合成多重曝光效果是很容易操作的,如果再配合混合模式,就不只是单纯的影像叠加了,还可以展现色彩变化和更加丰富的图像细节。

案例要点
- 图层蒙版
- 混合模式

操作步骤

步骤 01　打开两幅素材图像,如图7-1所示。然后使用"移动"工具将风景素材拖入到人像中,并在"图层"面板中设置混合模式为"变亮",如图7-2所示。

　　　　　　图7-1　　　　　　　　　　　　　　　　　图7-2

> **提示内容**
> 单击图层蒙版缩览图,接着可以使用画笔工具在蒙版中进行涂抹。在蒙版中只能使用灰度进行绘制。蒙版中被绘制了黑色的部分,图像相应的部分会隐藏。蒙版中被绘制了白色的部分,图像相应的部分会显示。图层蒙版中绘制了灰色的部分,图像相应的部分会以半透明的方式显示。还可以使用"渐变"工具或"油漆桶"工具对图层蒙版进行填充。

步骤 02　在"图层"面板中,单击"添加图层蒙版"按钮 添加图层蒙版。选择"画笔"工具,设置为柔边圆画笔样式,在画面中涂抹黑色、深灰色,对蒙版进行编辑,处理好建筑与人物的衔接,如图7-3所示。

图 7-3

课堂案例 2 使用图层蒙版制作融化水果效果

图层蒙版是图像处理中最为常用的蒙版，主要用来显示或隐藏图层的部分内容，在编辑的同时保留原图像不因编辑而受到破坏。图层蒙版中的白色区域可以遮盖下面图层中的内容，只显示当前图层中的图像；黑色区域可以遮盖当前图层中的图像，显示出下面图层中的内容；蒙版中的灰色区域会根据其灰度值使当前图层中的图像呈现出不同层次的透明效果。

案例要点
- 图层蒙版
- 混合模式

操作步骤

步骤 01 打开一幅素材图像，并选择"文件"|"置入嵌入对象"命令，置入水花素材，如图 7-4 所示。

提示内容

如果图像中包含选区，选择"图层"|"图层蒙版"|"显示选区"命令，可基于选区创建图层蒙版；如果选择"图层"|"图层蒙版"|"隐藏选区"命令，则选区内的图像将被蒙版遮盖。用户也可以在创建选区后，直接单击"添加图层蒙版"按钮，从选区生成蒙版。

图 7-4

步骤 02 栅格化水花图层，然后按 Ctrl+I 键反相图像。按 Ctrl 键单击水花图层缩览图载入选区，按 Ctrl+C 键复制选区内容，按 Ctrl+D 键取消选区，如图 7-5 所示。

步骤 03 按 Alt 键给图层添加蒙版，再按 Alt 键单击进入蒙版。然后按 Ctrl+Shift+V 键粘贴水花图像，如图 7-6 所示。

步骤 04 单击水花图层缩览图，将前景色改为水果主体颜色，按 Alt+Delete 键填充前景色，如图 7-7 所示。

图 7-5

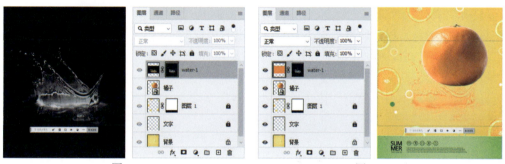

图 7-6　　　　　　　　　　　　　图 7-7

步骤 05 如果颜色太浅，可以按 Ctrl+J 键多复制几层。然后选中这些图层，按 Ctrl+E 键合并，结果如图 7-8 所示。按 Ctrl+T 键调出定界框，在浮动工具选项栏中单击"垂直翻转"按钮，然后适当调整定界框大小及位置，如图 7-9 所示。

图 7-8　　　　　　　　　　　　　图 7-9

步骤 06 确定变换后，给水花图层添加图层蒙版，然后使用"画笔"工具在蒙版中擦除不需要的地方，如图 7-10 所示。再在"图层"面板中，给水果图层添加蒙版，使用"画笔"工具擦除拼接位置，完成效果如图 7-11 所示。

图 7-10　　　　　　　　　　　　　图 7-11

课堂案例 3　制作多彩拼贴文字

通过图层蒙版可以将不同元素融合到一个画面中，制作出无缝拼接的创意作品。本例通过制作拼贴文字效果，掌握图层蒙版的使用。

案例要点

- 图层蒙版

操作步骤

步骤 01　选择"文件"|"打开"命令，打开素材图像文件。然后选择"文件"|"置入嵌入对象"命令，置入数字图像素材，调整其大小及位置，如图 7-12 所示。

步骤 02　在"图层"面板中，双击刚置入的数字图层，打开"图层样式"对话框。在对话框中，选中"投影"选项，设置"不透明度"为 25%，"角度"为 50 度，"距离"为 178 像素，"大小"为 0 像素，然后单击"确定"按钮，如图 7-13 所示。

图 7-12　　　　　　　　　图 7-13

步骤 03　选择"文件"|"置入嵌入对象"命令，置入鲜花图像素材，调整其大小及位置，如图 7-14 所示。按 Ctrl+J 键复制"鲜花"图层，生成"鲜花 拷贝"图层。在"图层"面板中，选中"鲜花"图层，按 Ctrl+T 键应用"自由变换"命令，移动图像位置并调整角度，如图 7-15 所示。

图 7-14　　　　　　　　　图 7-15

步骤 04　在"图层"面板中，按 Ctrl 键单击数字图层缩览图载入选区，再单击"添加图层蒙版"按钮添加图层蒙版，如图 7-16 所示。

步骤 05　选择"画笔"工具，在选项栏中设置画笔样式为硬边圆 75 像素，然后使用"画笔"工具在图层蒙版中修饰图像，如图 7-17 所示。

第 7 章 蒙版与合成

图 7-16　　　　　　　　　　　　　　图 7-17

步骤 06 在"图层"面板中,选中"鲜花 拷贝"图层,按 Ctrl 键单击数字图层缩览图载入选区,再单击"添加图层蒙版"按钮添加图层蒙版,然后使用"画笔"工具在图层蒙版中修饰图像,如图 7-18 所示。

步骤 07 在"图层"面板中,选中"鲜花"图层,选择"文件"|"置入嵌入对象"命令,置入卡片图像素材,调整其大小及位置,如图 7-19 所示。

图 7-18　　　　　　　　　　　　　　图 7-19

步骤 08 继续使用"文件"|"置入嵌入对象"命令,分别置入其他点缀图像素材,完成效果如图 7-20 所示。

图 7-20

课堂案例 4　制作地产广告

在设计作品中,蒙版常用于合成图像效果。本例通过制作地产广告,掌握图层的编辑操作和蒙版的应用。

121

案例要点

- 图层蒙版
- 图层的编辑操作

操作步骤

步骤 01 选择"文件"|"新建"命令，打开"新建文档"对话框。在对话框的"名称"文本框中输入"广告设计"，设置"宽度"数值为 35 厘米，"高度"数值为 24 厘米，"分辨率"数值为 300 像素/英寸，在"颜色模式"下拉列表中选择"CMYK 颜色"选项，然后单击"创建"按钮新建文档，如图 7-21 所示。

步骤 02 选择"文件"|"打开"命令，打开 1.jpg 图像文件。在"图层"面板中右击"背景"图层，在弹出的菜单中选择"复制图层"命令。在打开的"复制图层"对话框的"为"文本框中输入"底纹"名称，在"文档"下拉列表中选择"广告设计"，然后单击"确定"按钮，如图 7-22 所示。

图 7-21

图 7-22

步骤 03 返回创建的文档，在"图层"面板中，设置"背景 拷贝"图层混合模式为"正片叠底"，"填充"数值为 40%，然后按 Ctrl+T 键调整图像大小，如图 7-23 所示。

步骤 04 选择"文件"|"打开"命令，打开 2.jpg 图像文件。在"图层"面板中右击"背景"图层，在弹出的菜单中选择"复制图层"命令。在打开的"复制图层"对话框的"为"文本框中输入"水墨背景 1"名称，在"文档"下拉列表中选择"广告设计"，然后单击"确定"按钮，如图 7-24 所示。

图 7-23

图 7-24

步骤 05 返回创建的文档,在"图层"面板中,设置"水墨背景1"图层的混合模式为"正片叠底",并使用"移动"工具调整位置,如图7-25所示。

步骤 06 选择"文件"|"打开"命令,打开3.jpg图像文件。在"图层"面板中单击面板菜单按钮,在弹出的菜单中选择"复制图层"命令。在打开的"复制图层"对话框的"为"文本框中输入"水墨背景2"名称,在"文档"下拉列表中选择"广告设计",然后单击"确定"按钮,如图7-26所示。

图 7-25　　　　　　　　　　　　　　　图 7-26

步骤 07 返回创建的文档,在"图层"面板中,设置"水墨背景2"图层的混合模式为"线性加深",并使用"移动"工具调整位置,如图7-27所示。

步骤 08 选择"文件"|"打开"命令,打开4.jpg图像文件。在"图层"面板中右击"背景"图层,在弹出的菜单中选择"复制图层"命令。在打开的"复制图层"对话框的"为"文本框中输入"实景图"名称,在"文档"下拉列表中选择"广告设计",然后单击"确定"按钮,如图7-28所示。

图 7-27　　　　　　　　　　　　　　　图 7-28

步骤 09 返回创建的文档,在"图层"面板中,单击"添加图层蒙版"按钮。选择"画笔"工具,在选项栏中设置画笔样式为"柔边圆","大小"为800px,"不透明度"为30%,然后使用"画笔"工具在图像中涂抹,如图7-29所示。

步骤 10 选择"文件"|"打开"命令,打开5.jpg图像文件。在"图层"面板中右击"背景"图层,在弹出的菜单中选择"复制图层"命令。在打开的"复制图层"对话框的"为"文本框中输入"标志"名称,在"文档"下拉列表中选择"广告设计",然后单击"确定"按钮,如图7-30所示。

图 7-29　　　　　　　　　　　　　　图 7-30

步骤 11　返回创建的文档，在"图层"面板中，设置"标志"图层的混合模式为"正片叠底"，并使用"移动"工具调整位置，如图 7-31 所示。

步骤 12　使用"横排文字"工具在文档中单击，在显示的浮动工具选项栏中设置字体为方正大标宋简体，大小为 12 点，字体颜色为 R:63　G:56　B:54，然后输入文字内容，按 Ctrl+Enter 键确认，效果如图 7-32 所示。

图 7-31　　　　　　　　　　　　　　图 7-32

步骤 13　选择"直排文字"工具，在图像中输入文字，并按 Ctrl+A 键全选文字内容。然后在"属性"面板中设置字体为方正大标宋简体，大小为 30 点，字符间距为 -50，再按 Ctrl+Enter 键确认，效果如图 7-33 所示。

步骤 14　选择"直排文字"工具，在图像中输入文字，并按 Ctrl+A 键全选文字内容。然后在"属性"面板中设置字体为方正新舒体简体，大小为 85 点，字体颜色为 R:60　G:57　B:56，再使用"移动"工具调整其位置，效果如图 7-34 所示。

图 7-33　　　　　　　　　　　　　　图 7-34

步骤 15　选择"直排文字"工具，在图像中输入文字，并按 Ctrl+A 键全选文字内容。然后在"属性"面板中设置字体为楷体，大小为 20 点，字符间距为 0，字体颜色为黑色，再使用"移动"工具调整其位置，效果如图 7-35 所示。

步骤 16 使用"直排文字"工具在图像中拖动创建文本框并输入文字,按 Ctrl+A 键全选文字内容。然后在"属性"面板中设置字体为宋体,大小为 9 点,字符间距为 50,效果如图 7-36 所示。

图 7-35　　　　　　　　　　　　　图 7-36

步骤 17 在"属性"面板中,单击"最后一行顶对齐"按钮,在"避头尾设置"下拉列表中选择"JIS 严格"选项,然后按 Ctrl+Enter 键确认,效果如图 7-37 所示。

步骤 18 选择"直排文字"工具,在图像中输入文字,并按 Ctrl+A 键全选文字内容。然后在"属性"面板中设置字体为 Berlin Sans FB,大小为 26 点,字体颜色为 R:143 G:12 B:18,再按 Ctrl+Enter 键确认,效果如图 7-38 所示。

图 7-37　　　　　　　　　　　　　图 7-38

步骤 19 使用"直排文字"工具在图像中拖动创建文本框并输入文字,按 Ctrl+A 键全选文字内容。然后在"属性"面板中设置字体为黑体,大小为 7 点,字符间距为 50,字体颜色为黑色,再使用"移动"工具调整其位置,效果如图 7-39 所示。

步骤 20 选择"直排文字"工具,在图像中输入文字,并按 Ctrl+A 键全选文字内容。然后在"属性"面板中设置字体为方正黑体简体,字体大小为 15 点,字体颜色为 R:143 G:12 B:18,按 Ctrl+Enter 键确认,效果如图 7-40 所示。

图 7-39　　　　　　　　　　　　　图 7-40

步骤 21 选择"直排文字"工具，在图像中输入文字，并按 Ctrl+A 键全选文字内容。然后在"属性"面板中设置字体为宋体，字体大小为9点，字符间距为-100，字体颜色为黑色，然后使用"移动"工具调整其位置，效果如图7-41所示。

步骤 22 选择"移动"工具，在"图层"面板中按住 Shift 键选中步骤(15)至步骤(21)中输入的文字内容，在选项栏中单击"顶对齐"按钮，效果如图7-42所示。

图 7-41　　　　　　　　　　　　图 7-42

步骤 23 在"图层"面板中单击"创建新图层"按钮，新建"图层1"。选择"铅笔"工具，按F5键打开"画笔"面板，设置"大小"为8像素，"角度"为-90度，"圆度"为5%，"间距"为1000%，然后按住 Shift 键，使用"铅笔"工具绘制分割线，如图7-43所示。

步骤 24 选择"文件"|"打开"命令，打开6.jpg图像文件。在"图层"面板中右击"背景"图层，在弹出的菜单中选择"复制图层"命令。在打开的"复制图层"对话框的"为"文本框中输入"地图"名称，在"文档"下拉列表中选择"广告设计"，然后单击"确定"按钮，如图7-44所示。

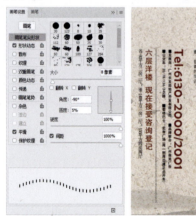

图 7-43　　　　　　　　　　　　图 7-44

步骤 25 返回创建的文档，在"图层"面板中，设置"地图"图层的混合模式为"正片叠底"，并使用"移动"工具调整其位置，效果如图7-45所示。

步骤 26 在"图层"面板中，单击"创建新图层"按钮，新建"图层2"。选择"矩形选框"工具，在图像右边创建选区，并在"颜色"面板中设置 R:203 G:179 B:105，然后按 Alt+Delete 键填充选区，效果如图7-46所示。

步骤 27 在工具选项栏中单击"从选区减去"按钮，使用"矩形选框"工具减少选区，并在"颜色"面板中设置 R:64 G:57 B:54，然后按 Alt+Delete 键填充选区，效果如图7-47所示。

步骤 28 按 Ctrl+D 键取消选区，选择"直排文字"工具，在图像中单击，然后在工具选项栏中设置字体为方正大标宋简体，字体大小为 20 点，字体颜色为 R:203 G:179 B:105，接着输入文字内容，使用"移动"工具调整其位置，如图 7-48 所示。

图 7-45

图 7-46

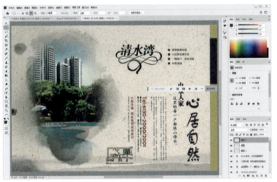

图 7-47

图 7-48

步骤 29 使用"直排文字"工具在图像中单击，在选项栏中设置字体大小为 14 点，字体颜色为 R:64 G:57 B:54，然后输入文字内容，使用"移动"工具调整其位置，完成效果如图 7-49 所示。

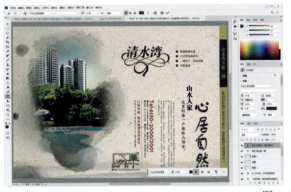

图 7-49

课堂案例 5　制作编织效果

剪贴蒙版是使用某个图层的内容来遮盖其上方的图层。遮盖效果由基底图层和其上方图层的内容决定。基底图层中的非透明区域形状决定了创建剪贴蒙版后内容图层的显示。剪贴蒙版可以用于多个图层，且这些图层必须是连续的图层。在剪贴蒙版中，最下面的图层为基底图层，上面的图层为内容图层。

> **案例要点**
> - 选区编辑操作
> - 创建剪贴蒙版

> **操作步骤**

步骤 01 打开一幅素材图像，并选择"视图"|"显示"|"网格"命令显示网格，如图7-50所示。

步骤 02 选择"编辑"|"首选项"|"参考线、网格和切片"命令，打开"首选项"对话框。在"网格"选项组的"颜色"下拉列表中选择"浅蓝色"，设置"网格线间隔"数值为40毫米，"子网格"为9，然后单击"确定"按钮，如图7-51所示。

 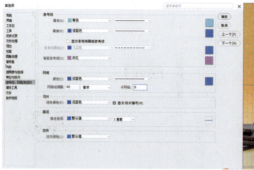 

图7-50　　　　　　　　　　　图7-51

步骤 03 按Ctrl+J键两次复制"背景"图层，并在"图层"面板中选择"背景"图层，按Alt+Delete键使用前景色填充图层，如图7-52所示。

步骤 04 在"图层"面板中，选中"图层1"，并关闭"图层1 拷贝"图层视图。选择"矩形选框"工具，在工具选项栏中单击"添加到选区"按钮，在图像中根据参考线创建选区，如图7-53所示。

图7-52　　　　　　　　　　　图7-53

步骤 05 选择"选择"|"反选"命令反选选区，然后在"图层"面板中单击"添加图层蒙版"按钮，如图7-54所示。

步骤 06 选择"图层1拷贝"图层，并打开图层视图，使用"矩形选框"工具在图像中创建选区，如图7-55所示。

第 7 章　蒙版与合成

图 7-54　　　　　　　　　　　　图 7-55

步骤 07 选择"选择"|"反选"命令，然后在"图层"面板中单击"添加图层蒙版"按钮，如图 7-56 所示。

步骤 08 按 Ctrl 键单击"图层 1 拷贝"的图层蒙版载入选区。再按住 Ctrl+Shift+Alt 键单击"图层 1"图层蒙版，如图 7-57 所示。

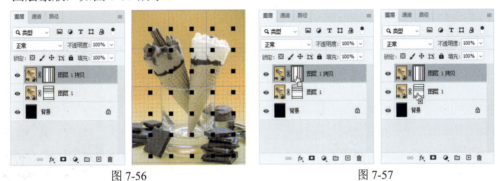

图 7-56　　　　　　　　　　　　图 7-57

步骤 09 按住 Alt 键，在图像上拖动删减选区，并在"图层"面板中选中"图层 1 拷贝"图层缩览图，按 Ctrl+J 键复制选区并生成"图层 2"，如图 7-58 所示。

步骤 10 选中"图层 1"，按住 Ctrl 键单击"图层 1"图层蒙版，载入选区。再按住 Ctrl+Shift+Alt 键单击"图层 1 拷贝"图层蒙版，如图 7-59 所示。

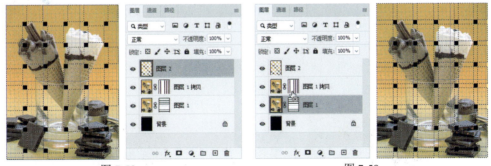

图 7-58　　　　　　　　　　　　图 7-59

步骤 11 按住 Alt 键，在图像上拖动删减选区，然后在"图层"面板中按 Ctrl+J 键复制选区并生成"图层 3"，如图 7-60 所示。

步骤 12 双击"图层 3"打开"图层样式"对话框。选中"外发光"选项，设置颜色为黑色，"混合模式"为"正常"，"不透明度"为 40%，"大小"为 25 像素，然后单击"确定"按钮，如图 7-61 所示。

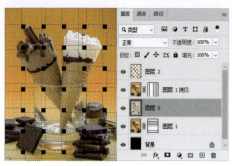
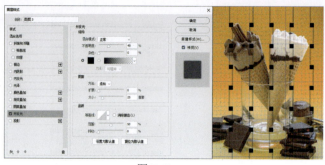

图 7-60　　　　　　　　　　　　　　　图 7-61

步骤 13　选择"图层"|"创建剪贴蒙版"命令，创建剪贴蒙版。然后在"图层 3"图层上右击，在弹出的菜单中选择"拷贝图层样式"命令，如图 7-62 所示。

步骤 14　在"图层"面板中，选中"图层 2"图层并右击，在弹出的菜单中选择"粘贴图层样式"命令。然后选择"图层"|"创建剪贴蒙版"命令，创建剪贴蒙版。选择"视图"|"显示"|"网格"命令隐藏网格，如图 7-63 所示。

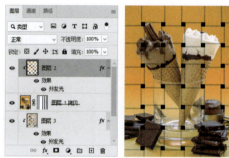

图 7-62　　　　　　　　　　　　　　　图 7-63

> **知识拓展**
>
> 要创建剪贴蒙版，必须先在打开的图像文件中选中两个或两个以上的图层。一个作为基底图层，其他的图层可作为内容图层。选中内容图层，然后选择"图层"|"创建剪贴蒙版"命令；或在要应用剪贴蒙版的图层上右击，在弹出的快捷菜单中选择"创建剪贴蒙版"命令；或按 Alt+Ctrl+G 组合键；或按住 Alt 键，将光标放在"图层"面板中分隔两组图层的线上，然后单击鼠标即可创建剪贴蒙版。

步骤 15　按 Ctrl+Shift+Alt+E 键盖印图层，选择"滤镜"|"滤镜库"命令，打开"滤镜库"对话框。在对话框中，选中"纹理"滤镜组中的"纹理化"滤镜，设置"缩放"为 165%，"凸现"为 10，然后单击"确定"按钮，完成效果如图 7-64 所示。

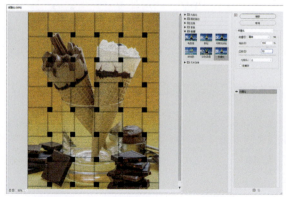
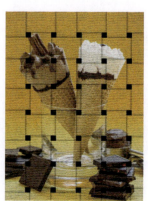

图 7-64

第 7 章　蒙版与合成

> **知识拓展**
>
> 在剪贴蒙版组中，如果对基底图层的位置或大小进行调整，则会影响剪贴蒙版组的形态。当对内容图层的不透明度和混合模式进行调整时，仅对其自身产生作用，不会影响剪贴蒙版中其他图层的不透明度和混合模式。当对基底图层的不透明度和混合模式进行调整时，可以控制整个剪贴蒙版的不透明度和混合模式。

课堂案例6　使用矢量蒙版制作电商广告

矢量蒙版与图层蒙版较为相似，都是依附于某一个图层或图层组，差别在于矢量蒙版通过路径和矢量形状来控制图像的显示区域，可以任意缩放，还可以应用图层样式为蒙版内容添加图层效果，用于创建各种风格的按钮、面板或其他的Web设计元素。

案例要点

- 矢量蒙版

操作步骤

步骤 01　选择"文件"|"新建"命令，打开"新建文档"对话框，新建一个"宽度"和"高度"均为 1080 像素，"分辨率"为 72 像素/英寸的文档。选择"文件"|"置入嵌入对象"命令，置入所需的人物素材图像，并调整图像位置及大小，如图 7-65 所示。

步骤 02　单击浮动选项栏中的"选择主体"按钮选取人物，并按 Ctrl+J 键复制一层人物，如图 7-66 所示。

图 7-65

图 7-66

步骤 03　在"图层"面板中，选择"素材 1"图层。选择"矩形"工具，在选项栏中设置绘图模式为"路径"，然后绘制矩形路径，如图 7-67 所示。选择"图层"|"矢量蒙版"|"当前路径"命令，生成矢量蒙版，如图 7-68 所示。

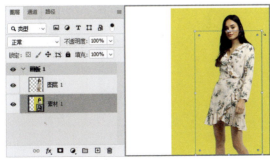
图 7-67

图 7-68

> **知识拓展**
>
> 矢量蒙版是基于矢量形状创建的,当不再需要改变矢量蒙版中的形状,或者需要对形状做进一步的灰度改变时,就可以将矢量蒙版栅格化。栅格化操作实际上就是将矢量蒙版转换为图层蒙版的过程。选择矢量蒙版所在的图层,然后选择"图层"|"栅格化"|"矢量蒙版"命令,或直接右击鼠标,在弹出的快捷菜单中选择"栅格化矢量蒙版"命令,即可栅格化矢量蒙版,将其转换为图层蒙版。

步骤 04 在"图层"面板中,双击人物图层,打开"图层样式"对话框。在对话框中,选中"投影"选项,设置"不透明度"为20%,"距离"为20像素,"大小"为20像素,然后单击"确定"按钮,如图 7-69 所示。

步骤 05 选择"矩形"工具,在选项栏中设置绘图模式为"形状","填充"为 R:28 G:157 B:206,然后在画板中绘制矩形,如图 7-70 所示。

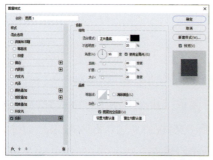

图 7-69　　　　　　　　　　　　　　图 7-70

步骤 06 选择"文件"|"置入嵌入对象"命令,分别置入所需素材文件,如图 7-71 所示。

步骤 07 在"图层"面板中,双击文字图层,打开"图层样式"对话框。在对话框中,选中"颜色叠加"选项,设置叠加颜色为白色,然后单击"确定"按钮,如图 7-72 所示。

图 7-71

步骤 08 使用"横排文字"工具在画板中单击,在浮动选项栏中设置字体为 Myriad Pro,字体大小为 50 点,字体颜色为 R:52 G:61 B:177,然后输入文字内容,如图 7-73 所示。

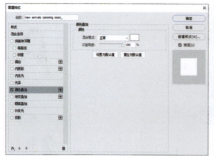

图 7-72　　　　　　　　　　　　图 7-73

步骤 09　继续使用"横排文字"工具在画板中单击,在浮动选项栏中设置字体为 Franklin Gothic Heavy,字体大小为208点,字体颜色为R:52 G:61 B:177,然后输入文字内容,如图7-74所示。

步骤 10　在"图层"面板中,双击刚创建的文字图层,打开"图层样式"对话框。在对话框中,选中"投影"选项,设置"不透明度"为20%,"距离"为20像素,"大小"为20像素,然后单击"确定"按钮,完成效果如图7-75所示。

图 7-74

图 7-75

课堂案例 7　从通道生成蒙版

图层蒙版与Alpha通道中的图像都是包含256级色阶的灰度图像,属于同一种对象,可以互相转换。但这两种图像在编辑时会带来不同的影响——修改Alpha通道只影响选区,修改图层蒙版则会改变图像的外观,并影响蒙版中所包含的选区。下面利用通道图像生成蒙版,让我们从另一个角度认识图层蒙版,从而能更好地使用它。

案例要点

● 使用通道创建选区

操作步骤

步骤 01　打开一幅图像文件,按Ctrl+J键复制"背景"图层,如图7-76所示。在"通道"面板中,将"蓝"通道拖动至"创建新通道"按钮上释放,创建"蓝 拷贝"通道,如图7-77所示。

图 7-76

图 7-77

步骤 02　选择"图像"|"调整"|"色阶"命令,打开"色阶"对话框。在对话框中,设置"输入色阶"数值为80、1.78、207,然后单击"确定"按钮,如图7-78所示。

步骤 03　选择"画笔"工具,在工具箱中将前景色设置为黑色,在选项栏中设置画笔大小及硬度。使用"画笔"工具在图像中需要抠取的部分进行涂抹,如图7-79所示。

图 7-78 图 7-79

步骤 04 按 Ctrl 键单击"蓝 拷贝"通道缩览图，载入选区；按 Shift+Ctrl+I 组合键反选选区，然后选中 RBG 复合通道，如图 7-80 所示。

步骤 05 按 Ctrl+C 组合键，复制选区内的图像。然后选择"文件"|"打开"命令，打开另一幅图像文件，并按 Ctrl+V 键进行粘贴，如图 7-81 所示。

图 7-80 图 7-81

步骤 06 使用"移动"工具，调整图像中金鱼的位置。然后在"图层"面板中，按 Ctrl 键单击 layer 2 图层缩览图载入选区，如图 7-82 所示。

步骤 07 按 Shift+Ctrl+I 键反选选区，并在"图层"面板底部单击"添加图层蒙版"按钮，如图 7-83 所示。

图 7-82 图 7-83

步骤 08 选择"画笔"工具，在选项栏中设置画笔样式为柔边圆，"不透明度"数值为 30%，将前景色设置为白色，然后调整图层蒙版效果，完成效果如图 7-84 所示。

图 7-84

第8章 图层混合与图层样式

图层的不透明度、混合模式与图层样式是图层的高级功能。这几项功能是设计中经常需要使用的功能。"不透明度"与"混合模式"的使用方法非常简单,常用在多图层混合中。而"图层样式"则可以为图层添加描边、阴影、发光、颜色、渐变、图案以及立体感的效果,其参数可控性强,能够轻松制作出各种各样的效果。

课堂案例 1　设置不透明度制作多层次广告

不透明度是指图层内容的透明程度。这里的图层内容包括图层中所承载的图像和形状、添加的效果、填充的颜色和图案等。不透明度设置还可以应用于除"背景"图层外的所有类型的图层,包括调整图层、3D和视频等特殊图层。

当图层的不透明度为100%时,图层内容完全显示;低于该值时,图层内容会呈现出一定的透明效果,这时,位于其下方图层中的内容就会显现出来。图层的不透明度越低,下方的图层内容就越清晰。如果将不透明度调整为0%,图层内容就完全透明了,此时下方图层内容完全显现。

案例要点

- 使用"椭圆"工具
- 设置"不透明度"

操作步骤

步骤 01　打开一幅素材图像,如图8-1所示。选择"椭圆"工具 ◯,在选项栏中设置"绘制模式"为"形状",在画面中按住Shift键的同时按住鼠标左键拖曳绘制圆形。绘制完成后在选项栏中设置"填充"为R:251 G:204 B:220,"描边"为无,如图8-2所示。

图 8-1

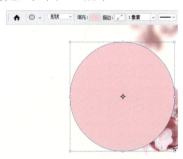

图 8-2

步骤 02　将绘制的圆形图层选中,设置"不透明度"为60%,如图8-3所示。

步骤 03 将圆形图层复制一份,并将复制得到的圆形适当向左移动。然后设置"不透明度"为40%,效果如图8-4所示。

图 8-3   图 8-4

 提示内容

使用"画笔"工具、图章类、橡皮擦类等绘画和修复工具时,也可以在选项栏中设置不透明度。按下键盘中的数字键即可快速修改图层的不透明度。例如,按下5,不透明度会变为50%;按下0,不透明度会恢复为100%。

步骤 04 使用同样的方法复制图层,继续向左移动,设置"不透明度"为20%,效果如图8-5所示。

步骤 05 将人物素材置入,放在画面右侧位置,然后将该图层复制一份,并将复制得到的图层放在原始人物图层下方,如图8-6所示。

图 8-5   图 8-6

步骤 06 将复制得到的人物图层选中,按Ctrl+T键调出定界框,将光标放在定界框一角的控制点上,按住鼠标左键进行等比放大,如图8-7所示。按Enter键确认操作,然后设置图层的"不透明度"为40%,如图8-8所示。

图 8-7   图 8-8

步骤 07 继续置入装饰素材文件和文字素材,放置在人物左侧位置,完成效果如图8-9所示。

第 8 章 图层混合与图层样式

图 8-9

课堂案例 2　制作文字穿插人物海报

不透明度的调节选项除了"不透明度",还有"填充"选项。"填充"只影响图层中绘制的像素和形状的不透明度,不会影响图层样式的不透明度。当调整"不透明度"时,会对当前图层中的所有内容产生影响,包括填充、描边和图层样式等;调整"填充"时,只有填充变得透明,描边和图层样式效果都会保持原样。

案例要点

● 设置"填充"

操作步骤

步骤 01　打开素材图像文档,在"图层"面板中选中"人物"图层,如图 8-10 所示。

步骤 02　使用"横排文字"工具在图像中单击并输入文字内容,然后在"属性"面板中设置文字字体样式、大小、间距和字体颜色,如图 8-11 所示。

　　　　图 8-10　　　　　　　　　　　　　　　　图 8-11

步骤 03　按 Ctrl+J 键复制文字图层,然后将其拖动至"人物"图层下方,如图 8-12 所示。选中人物图层上方的文字图层,在"图层"面板中设置"填充"为 0%。如图 8-13 所示。

步骤 04　双击最上方文字图层,打开"图层样式"对话框。在对话框中选中"描边"选项,设置"大小"为 12 像素,"颜色"为白色,单击"确定"按钮,如图 8-14 所示。然后在"图层"面板中选中两个文字图层,单击"链接图层"按钮链接图层,完成效果如图 8-15 所示。

　　　　图 8-12　　　　　　　　　　　　　　图 8-13

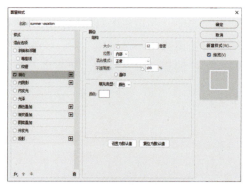  

　　　　图 8-14　　　　　　　　　　　　　　图 8-15

课堂案例 3　使用混合模式更改草地颜色

"混合模式"是 Photoshop 一项非常重要的功能。用户不仅可以在"图层"中使用"混合模式"功能，还可以在绘图工具、修饰工具、颜色填充等情况下使用。图层的"混合模式"指当图像叠加时，上方图层和下方图层的像素进行混合，从而得到另外一种图像效果，且不会对图像造成任何的破坏。结合图层"混合模式"和对图层不透明度的设置，可以控制图层混合后显示的深浅程度，常用于合成和特效制作中。

案例要点

- "画笔"工具
- "柔光"混合模式

操作步骤

步骤 01　打开一幅素材图像，在"背景"图层上方新建一个空白图层，如图 8-16 所示。

步骤 02　将前景色设置为红色，设置完成后使用大小合适的半透明柔边圆画笔，在绿色草木位置涂抹，如图 8-17 所示。涂抹时要注意调整"不透明度"和"流量"数值。

步骤 03　选择新建的图层，设置"混合模式"为"柔光"，可把添加的颜色与图像融合在一起来更改草地的颜色，如图 8-18 所示。

步骤 04 在"调整"面板中,在"单一调整"选项中单击"亮度/对比度"选项。在展开的"属性"面板中,设置"亮度"为-20,"对比度"为20,效果如图8-19所示。

图 8-16　　　　　　　　　　　　　　　　　　图 8-17

图 8-18　　　　　　　　　　　　　　　　　　图 8-19

 知识拓展

　　想要设置图层的混合模式,需要在"图层"面板中进行。当文档中存在两个或两个以上的图层时,单击选中图层(背景图层以及锁定的图层无法设置混合模式),然后打开"混合模式"下拉列表,从中选择一种混合模式,当前画面随即发生变化。

步骤 05 在"图层"面板中,右击"亮度/对比度 1"图层,在弹出的快捷菜单中选择"创建剪贴蒙版"命令,如图8-20所示。

步骤 06 将前景色设置为深蓝色,在"图层"面板中单击"创建新图层"按钮新建"图层2",设置"混合模式"为"叠加",然后使用"画笔"工具涂抹天空部分,完成效果如图8-21所示。

图 8-20　　　　　　　　　　　　　　　　　　图 8-21

知识拓展

　　混合模式可以分为"组合"模式、"加深"模式、"减淡"模式、"对比"模式、"比较"模式和"色彩"模式6组。
　　"组合"模式组中包括两种模式:"正常"和"溶解",如图8-22所示。默认情况下,新建的图层或置入的图像混合模式均为"正常"。

- "正常"模式：Photoshop 的默认模式，使用时不产生任何特殊效果。
- "溶解"模式：会使图像中透明区域的像素产生离散效果。在降低图层的"不透明度"或"填充"数值时，效果更加明显。这两个参数的数值越低，像素离散效果越明显。

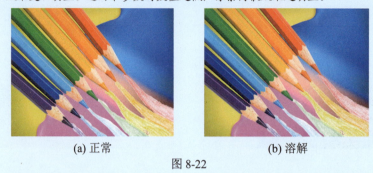

(a) 正常　　　　　　　　　(b) 溶解

图 8-22

"加深"模式组中包含5种混合模式，这些混合模式可以使当前图层的白色像素被下层较暗的像素替代，使图像产生变暗效果，如图 8-23 所示。

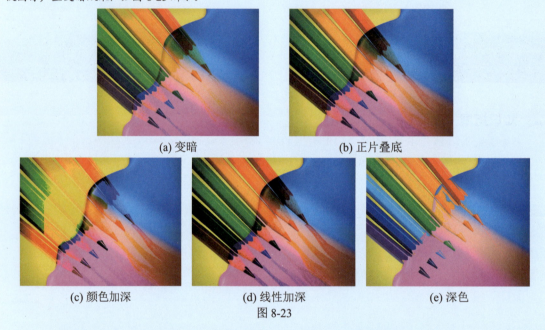

(a) 变暗　　　　　　　　　(b) 正片叠底

(c) 颜色加深　　　　(d) 线性加深　　　　(e) 深色

图 8-23

- "变暗"模式：选择此选项，在绘制图像时，软件将取两种颜色的暗色作为最终色，亮于底色的颜色将被替换，暗于底色的颜色保持不变。
- "正片叠底"模式：选择此选项，可以产生比底色与绘制色都暗的颜色，可以用来制作阴影效果。
- "颜色加深"模式：选择此选项，可以使图像色彩加深，亮度降低。
- "线性加深"模式：选择此选项，系统会通过降低图像画面亮度使底色变暗，从而反映绘制的颜色。当与白色混合时，将不发生变化。
- "深色"模式：选择此选项，系统将从底色和混合色中选择最小的通道值来创建结果颜色。

"减淡"模式组包含5种混合模式，如图 8-24 所示。这些模式会使图像中黑色的像素被较亮的像素替换，而任何比黑色亮的像素都可能提亮下层图像。所以"减淡"模式组中的混合模式会使图像变亮。

- "变亮"模式：这种模式只有在当前颜色比底色深的情况下才起作用，底图的浅色将覆盖绘制的深色。
- "滤色"模式：此选项与"正片叠底"选项的功能相反，通常这种模式的颜色都较浅。任何颜色的底色与绘制的黑色混合，原颜色都不受影响；与绘制的白色混合将得到白色；与绘制的其他颜色混合将得到漂白效果。

- "颜色减淡"模式：选择此选项，将通过降低对比度使底色的颜色变亮来反映绘制的颜色，与黑色混合没有变化。
- "线性减淡(添加)"模式：选择此选项，将通过增加亮度使底色的颜色变亮来反映绘制的颜色，与黑色混合没有变化。
- "浅色"模式：选择此选项，系统将从底色和混合色中选择最大的通道值来创建结果颜色。

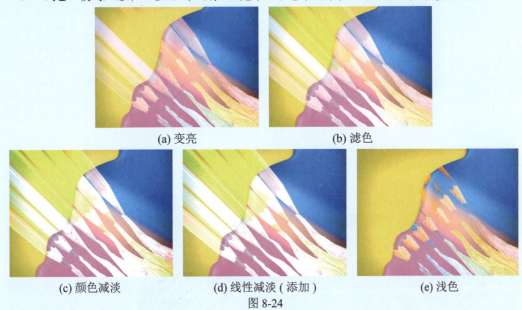

图 8-24

"对比"模式组包括 7 种模式，使用这些混合模式可以使图像中 50% 的灰色完全消失，亮度值高于 50% 灰色的像素使下层图像变亮，亮度值低于 50% 灰色的像素则使下层图像变暗，以此加强图像的明暗差异，如图 8-25 所示。

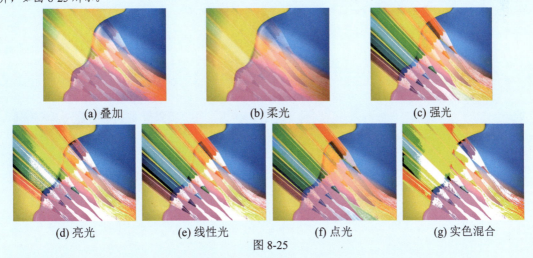

图 8-25

- "叠加"模式：选择此选项，使图案或颜色在现有像素上叠加，同时保留基色的明暗对比。
- "柔光"模式：选择此选项，系统将根据绘制色的明暗程度来决定最终是变亮还是变暗。当绘制的颜色比 50% 的灰色暗时，通过增加对比度使图像变暗。
- "强光"模式：选择此选项，系统将根据混合颜色决定执行正片叠底还是过滤。当绘制的颜色比 50% 的灰色亮时，底色图像变亮；当比 50% 的灰色暗时，底色图像变暗。
- "亮光"模式：选择此选项，可以使混合后的颜色更加饱和。如果当前图层中的像素比 50% 灰色亮，则通过减小对比度的方式使图像变亮；如果当前图层中的像素比 50% 灰色暗，则通过增加对比度的方式使图像变暗。
- "线性光"模式：选择此选项，可以使图像产生更高的对比度。如果当前图层中的像素比50%灰色亮，则通过增加亮度使图像变亮；如果当前图层中的像素比50%灰色暗，则通过减小亮度使图像变暗。
- "点光"模式：选择此选项，系统将根据绘制色来替换颜色。当绘制的颜色比50%的灰色亮时，则比绘制色暗的像素被替换，但比绘制色亮的像素不被替换；当绘制的颜色比50%的灰色暗时，比绘制色亮的像素被替换，但比绘制色暗的像素不被替换。
- "实色混合"模式：选择此选项，将混合颜色的红色、绿色和蓝色通道数值添加到底色的RGB值。如果通道计算的结果总和大于或等于255，则RGB值为255；如果小于255，则RGB值为0。

"比较"模式组包含4种模式，这些混合模式可以对比当前图像与下层图像的颜色差别，如图8-26所示。将颜色相同的区域显示为黑色，不同的区域显示为灰色或彩色。如果当前图层中包含白色，那么白色区域会使下层图像反相，而黑色不会对下层图像产生影响。

- "差值"模式：选择此选项，系统将用图像画面中较亮的像素值减去较暗的像素值，其差值作为最终的像素值。当与白色混合时将使底色反相，而与黑色混合则不产生任何变化。
- "排除"模式：选择此选项，可生成与"差值"选项相似的效果，但比"差值"模式生成的颜色对比度要小，因而颜色较柔和。
- "减去"模式：选择此选项，系统从目标通道中相应的像素上减去源通道中的像素值。
- "划分"模式：选择此选项，系统将比较每个通道中的颜色信息，然后从底层图像中划分上层图像。

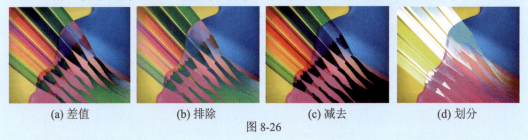

(a) 差值　　　(b) 排除　　　(c) 减去　　　(d) 划分

图 8-26

"色彩"模式组包括4种混合模式，这些混合模式会自动识别图像的颜色属性（色相、饱和度和亮度），如图8-27所示。然后再将其中的一种或两种应用在混合后的图像中。

- "色相"模式：选择此选项，系统将采用底色的亮度与饱和度，以及绘制色的色相来创建最终颜色。
- "饱和度"模式：选择此选项，系统将采用底色的亮度和色相，以及绘制色的饱和度来创建最终颜色。
- "颜色"模式：选择此选项，系统将采用底色的亮度，以及绘制色的色相、饱和度来创建最终颜色。
- "明度"模式：选择此选项，系统将采用底色的色相、饱和度，以及绘制色的明度来创建最终颜色。此选项实现效果与"颜色"选项相反。

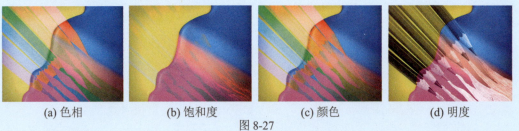

(a) 色相　　　(b) 饱和度　　　(c) 颜色　　　(d) 明度

图 8-27

课堂案例 4　使用图层样式制作糖果字

图层样式也称为图层效果，它用于创建图像特效。图层样式可以随时修改、隐藏或删除，具有非常强的灵活性。Photoshop中共有10种"图层样式"：斜面和浮雕、描边、内阴影、内发光、光泽、颜色叠加、渐变叠加、图案叠加、外发光与投影。

第 8 章　图层混合与图层样式

案例要点

- 使用图层样式

操作步骤

步骤 01　选择"文件"|"打开"命令，打开一幅素材图像，如图 8-28 所示。

步骤 02　选择"横排文字"工具，在选项栏中设置字体样式为方正粗圆_GBK，字体大小为 270 点，字体颜色为白色，然后使用文字工具输入文字内容，如图 8-29 所示。

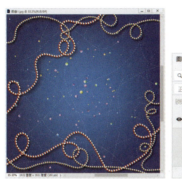

图 8-28　　　　　　　　　　　　　　　　　　　图 8-29

步骤 03　在"图层"面板中，双击文字图层，打开"图层样式"对话框。在该对话框中，选中"颜色叠加"样式，单击"混合模式"选项右侧的颜色色板，在弹出的拾色器对话框中设置叠加颜色为 R:238　G:231　B:231，然后单击"确定"按钮关闭拾色器，如图 8-30 所示。

步骤 04　在"图层样式"对话框中，选中"内阴影"样式，单击"混合模式"选项右侧的颜色色板，在弹出的拾色器对话框中设置叠加颜色为 R:151　G:133　B:133，然后单击"确定"按钮关闭拾色器。设置"角度"数值为 30 度，"距离"数值为 5 像素，"大小"数值为 20 像素，如图 8-31 所示。

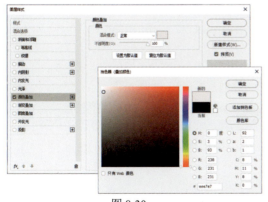
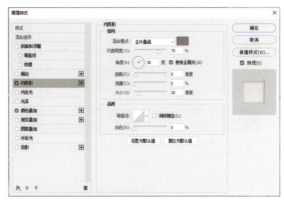

图 8-30　　　　　　　　　　　　　　　　　　　图 8-31

步骤 05　在"图层样式"对话框中，选中"斜面和浮雕"样式，设置"大小"数值为 36 像素，设置"阴影"选项组中的"角度"数值为 30 度，"高光模式"下的"不透明度"数值为 100%，单击"阴影模式"右侧的颜色色板，在弹出的拾色器中设置叠加颜色为 R:181　G:158　B:158，单击"确定"按钮关闭拾色器。然后单击"确定"按钮关闭"图层样式"对话框，如图 8-32 所示。

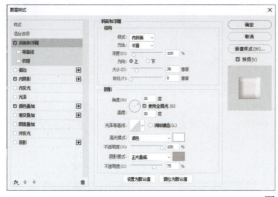

图 8-32

知识拓展

"斜面和浮雕"样式主要通过为图层添加高光与阴影,使图像产生立体感,常用于制作立体感的文字或带有厚重感的对象效果。

- "样式":从列表中选择斜面和浮雕的样式,其中包括"外斜面""内斜面""浮雕效果""枕状浮雕""描边浮雕"选项,如图 8-33 所示。

(a) 外斜面　　　(b) 内斜面　　　(c) 浮雕效果

(d) 枕状浮雕　　　(e) 描边浮雕

图 8-33

- "方法":用来选择创建浮雕的方法,选择"平滑"可以得到比较柔和的边缘;选择"雕刻清晰"可以得到最精确的浮雕边缘;选择"雕刻柔和"可以得到中等水平的浮雕效果,如图 8-34 所示。

(a) 平滑　　　(b) 雕刻清晰　　　(c) 雕刻柔和

图 8-34

- "深度":用来设置浮雕斜面的应用深度,该值越高则浮雕的立体感越强,如图 8-35 所示。
- "方向":用来设置高光和阴影的位置,该选项与光源的角度有关,如图 8-36 所示。

(a) 深度:25　　(b) 深度:50　　(a) 方向:上　　(b) 方向:下

图 8-35　　　　　　　　　　图 8-36

- "大小":该选项表示斜面和浮雕的阴影面积的大小,如图 8-37 所示。
- "软化":用来设置斜面和浮雕的平滑程度,如图 8-38 所示。

(a) 大小:120　　(b) 大小:10　　(a) 软化:16　　(b) 软化:30

图 8-37　　　　　　　　　　图 8-38

- "角度"：用来设置光源的发光角度，如图 8-39 所示。
- "高度"：用来设置光源的高度。
- "使用全局光"：选中该复选框，那么所有浮雕样式的光照角度都将保持在同一个方向。
- "光泽等高线"：选择不同的等高线样式，可以为斜面和浮雕的表面添加不同的光泽质感，也可以编辑等高线样式。光泽等高线效果如图 8-40 所示。

(a) 角度：25°　　　(b) 角度：153°　　　(a) 光泽等高线：锥形　(b) 光泽等高线：锯齿 1
　　　图 8-39　　　　　　　　　　　　　　　　图 8-40

- "消除锯齿"：当设置了光泽等高线时，斜面边缘可能会产生锯齿，选中该复选框可以消除锯齿。
- "高光模式"/"不透明度"：这两个选项用来设置高光的混合模式和不透明度，右侧的色块用于设置高光的颜色。
- "阴影模式"/"不透明度"：这两个选项用来设置阴影的混合模式和不透明度，右侧的色块用于设置阴影的颜色。

步骤 06 按 Ctrl+J 键复制文字图层，在"图层"面板中右击"candy 拷贝"图层，在弹出的菜单中选择"栅格化图层样式"命令，如图 8-41 所示。

步骤 07 选择"文件"|"置入嵌入对象"命令，打开"置入嵌入的对象"对话框。在对话框中选中 texture 图像文件，单击"置入"按钮置入图像，如图 8-42 所示。

图 8-41

步骤 08 在"图层"面板中，设置智能对象图层的混合模式为"线性加深"，并右击图层，在弹出的菜单中选择"创建剪贴蒙版"命令，如图 8-43 所示。

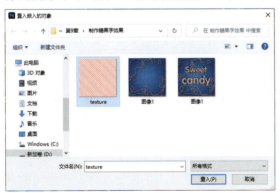

图 8-42

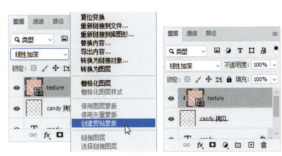

图 8-43

步骤 09 在"图层"面板中，按 Ctrl 键单击"candy 拷贝"图层缩览图载入选区，再选中 candy 文字图层，按 Ctrl 键的同时单击"创建新图层"按钮，新建"图层 1"图层，如图 8-44 所示。

步骤 10 将前景色设置为黑色，按 Alt+Delete 键使用前景色填充选区，按 Ctrl+D 键取消选区。选择"滤镜"|"模糊"|"高斯模糊"命令，打开"高斯模糊"对话框。在对话框中，设置"半径"为 25 像素，然后单击"确定"按钮，如图 8-45 所示。

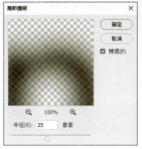

图 8-44　　　　　　　　　　　　　　图 8-45

步骤 11　选择"编辑"|"变换"|"透视"命令，调整图层对象效果，如图 8-46 所示。

步骤 12　在"图层"面板中，选中"背景"图层，使用"横排文字"工具输入文字内容，然后在选项栏中设置字体大小为 200 点，字体颜色为白色，如图 8-47 所示。

图 8-46　　　　　　　　　　　　　　图 8-47

步骤 13　在"图层"面板中，右击 candy 文字图层，在弹出的菜单中选择"拷贝图层样式"命令，再右击 Sweet 文字图层，在弹出的菜单中选择"粘贴图层样式"命令，如图 8-48 所示。

步骤 14　使用步骤 (6) 至步骤 (11) 的操作方法，编辑文字效果，如图 8-49 所示。

图 8-48　　　　　　　　　　　　　　图 8-49

步骤 15　在"图层"面板中，选中步骤 (2) 至步骤 (11) 创建的图层，并右击鼠标，在弹出的菜单中选择"从图层新建组"命令，打开"从图层新建组"对话框。在对话框的"名称"文本框中输入 candy，在"颜色"下拉列表中选择"红色"选项，然后单击"确定"按钮，如图 8-50 所示。

步骤 16　在"图层"面板中，选中步骤 (12) 至步骤 (14) 创建的图层，并右击鼠标，在弹出的菜单中选择"从图层新建组"命令，打开"从图层新建组"对话框。在对话框的"名称"文本框中输入 sweet，在"颜色"下拉列表中选择"黄色"选项，然后单击"确定"按钮，如图 8-51 所示。

第 8 章　图层混合与图层样式

图 8-50

图 8-51

步骤 17　按快捷键 Ctrl+J 复制 sweet 图层组，选择"编辑"|"变换"|"垂直翻转"命令，并调整图像位置，如图 8-52 所示。

步骤 18　在"图层"面板中，单击"添加图层蒙版"按钮，使用"渐变"工具在图像中从下往上拖动调整蒙版效果，如图 8-53 所示。

图 8-52

图 8-53

步骤 19　使用步骤 (17) 的操作方法复制、翻转 candy 文字组效果，并添加图层蒙版。选择"画笔"工具，在选项栏中选择柔边圆画笔样式，然后在图层蒙版中涂抹，遮盖文字效果，如图 8-54 所示。

步骤 20　按快捷键 Ctrl+J 复制"candy 拷贝 2"图层组，生成"candy 拷贝 3"图层，然后使用"移动"工具调整图像位置。切换前景色与背景色，使用"画笔"工具调整图层蒙版效果，如图 8-55 所示。

图 8-54

图 8-55

知识拓展

"投影"样式可以为图层内容边缘外侧添加阴影效果，并控制阴影的颜色、大小、方向等，让图像效果更具立体感。选择"图层"|"图层样式"|"投影"命令，在弹出的对话框中通过设置参数来增加图层的层次感以及立体感，如图 8-56 所示。

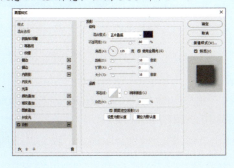

图 8-56

在"图层样式"对话框中,"投影""内阴影""斜面和浮雕"效果都包含了一个"使用全局光"选项,选择了该选项后,以上效果将使用相同角度的光源。如果要调整全局光的角度和高度,可选择"图层"|"图层样式"|"全局光"命令,打开如图8-57所示的"全局光"对话框进行设置。

图8-57

课堂案例5 制作扁平化图标

在制作图标或小物件时,可以通过使用图层样式使平面图形呈现立体感、空间感。

案例要点
- 使用形状工具
- 添加图层样式

操作步骤

步骤01 选择"文件"|"新建"命令,打开"新建文档"对话框。在对话框中,输入文档名称,设置"宽度"和"高度"数值为600像素,"分辨率"数值为300像素/英寸,"颜色模式"为"RGB颜色",然后单击"创建"按钮,如图8-58所示。

步骤02 选择"视图"|"显示"|"网格"命令,显示网格。选择"矩形"工具,在选项栏中设置工具工作模式为"形状","填充"为R:204 G:204 B:204,然后使用"矩形"工具在画板中心单击,打开"创建矩形"对话框。在对话框中,设置"宽度"和"高度"数值为512像素,"圆角半径"数值为90像素,选中"从中心"复选框,然后单击"确定"按钮创建圆角矩形,如图8-59所示,生成"矩形 1"图层。

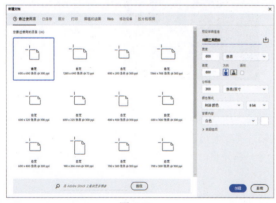

图8-58

图8-59

步骤03 在"图层"面板中,双击刚创建的"矩形 1"图层,打开"图层样式"对话框。在对话框中,选中"内阴影"选项,设置"混合模式"为"正常",内阴影颜色为白色,"不透明度"数值为15%,取消选中"使用全局光"复选框,设置"角度"数值为-90度,"距离"数值为4像素,"大小"数值为2像素,然后单击"确定"按钮,如图8-60所示。

步骤04 选择"移动"工具,按Ctrl+J键复制"矩形 1"图层,生成"矩形 1 拷贝"图层,并向上偏移"矩形 1 拷贝"图层。在"图层"面板中,双击"矩形 1 拷贝"图层缩览图,打开"拾色器(纯色)"对话框。在对话框中,设置填充为 R:64 G:123 B:204,然后单击"确定"按钮更改图形颜色,如图 8-61 所示。

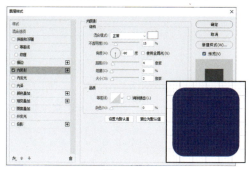
图 8-60

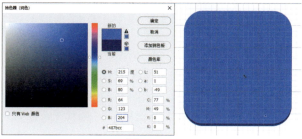
图 8-61

> **知识拓展**
>
> "颜色叠加"样式可以在图层上叠加指定的颜色,通过设置颜色的混合模式和不透明度来控制叠加的颜色效果,以达到更改图层内容颜色的目的。选中图层,选择"图层"|"图层样式"|"颜色叠加"命令,在"颜色叠加"设置选项中通过调整颜色的混合模式与不透明度来调整该图层的效果。
>
> "渐变叠加"样式可以在图层内容上叠加指定的渐变颜色。选中图层,选择"图层"|"图层样式"|"渐变叠加"命令,在"渐变叠加"设置选项中可以编辑任意的渐变颜色,然后通过设置渐变的混合模式、样式、角度、不透明度和缩放等参数控制叠加的渐变颜色效果。
>
> "图案叠加"样式可以在图层内容上叠加图案效果。选中图层,选择"图层"|"图层样式"|"图案叠加"命令,在"图案叠加"设置选项中可以选择 Photoshop 预设的多种图案,然后缩放图案,设置图案的不透明度和混合模式,制作出特殊质感的效果。

步骤 05 在"图层"面板中,双击"矩形 1 拷贝"图层,打开"图层样式"对话框。在对话框中,选中"渐变叠加"选项,设置"混合模式"为"叠加","不透明度"数值为30%,"样式"为"径向",渐变填充色为黑色至白色,选中"反向"复选框,设置"缩放"数值为150%,如图 8-62 所示。

步骤 06 在"图层样式"对话框中,选中"描边"选项,设置"大小"为 3 像素,"位置"为"外部","混合模式"为"正常","填充类型"为"渐变",设置渐变填充色为 R:22 G:70 B:136 至 R: 64 G:123 B:204,如图 8-63 所示。

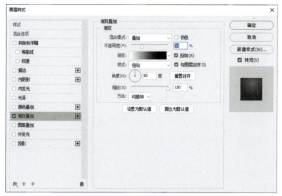
图 8-62

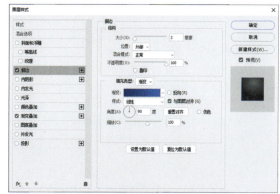
图 8-63

知识拓展

"描边"样式能够在图层的边缘处添加纯色、渐变色以及图案的边缘。通过参数设置可以使描边处于图层边缘以内，也可以使描边处于图层边缘以外的部分，或者使描边出现在图层边缘的两侧。选中图层，选择"图层"|"图层样式"|"描边"命令，在"描边"设置选项中可以对描边大小、位置、混合模式、不透明度、填充类型以及填充内容进行设置。

步骤 07 在"图层样式"对话框中，选中"内阴影"选项，设置"混合模式"为"正常"，内阴影颜色为白色，"不透明度"数值为35%，"角度"数值为90度，"距离"数值为2像素，"大小"数值为1像素，如图8-64所示。

步骤 08 在"图层样式"对话框中，选中"内发光"选项，设置"混合模式"为"柔光"，"不透明度"数值为17%，"杂色"数值为94%，内发光颜色为白色，选中"居中"单选按钮，然后单击"确定"按钮应用图层样式，如图8-65所示。

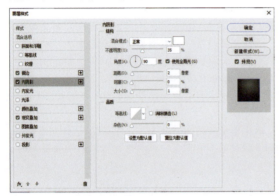

图8-64　　　　　　　　　　　图8-65

知识拓展

"内阴影"样式可以在图层中的图像边缘内部增加投影效果，使图像产生立体和凹陷的外观效果。选中图层，选择"图层"|"图层样式"|"内阴影"命令，在"内阴影"设置选项中可以对内阴影的结构以及品质进行设置。

- "混合模式"：用来设置内阴影与图层的混合模式，默认设置为"正片叠底"模式。单击"混合模式"选项右侧的色块，可以设置内阴影的颜色。
- "不透明度"：设置内阴影的不透明度，数值越低，内阴影越淡。
- "角度"：用来设置内阴影应用于图层时的光照角度，指针方向为光源方向，相反方向为投影方向。
- "使用全局光"：选中该复选框，可以保持所有光照的角度一致；取消选中该复选框，可以为不同的图层分别设置光照角度。
- "距离"：用来设置内阴影偏移图层内容的距离。
- "阻塞"：可以在模糊之前收缩内阴影的边界。"大小"选项与"阻塞"选项是互相关联的，"大小"数值越高，可设置的"阻塞"范围就越大。
- "大小"：用来设置投影的模糊范围，数值越高，模糊范围越广，反之则内阴影越清晰。
- "等高线"：调整曲线的形状来控制内阴影的形状，可以手动调整曲线形状，也可以选择内置的等高线预设。
- "消除锯齿"：选中该复选框，可以混合等高线边缘的像素，使投影更加平滑。该选项对于尺寸较小且具有复杂等高线的内阴影比较适用。
- "杂色"：用来在投影中添加杂色的颗粒感效果，数值越大，颗粒感越强。

"内发光"样式可以沿图层内容的边缘向内创建发光效果。选中图层，选择"图层"|"图层样式"|"内发光"命令，在"内发光"设置选项中可以对内发光的结构、图素以及品质进行设置。

- "混合模式":设置发光效果与下面图层的混合方式。
- "不透明度":设置发光效果的不透明度。
- "杂色":在发光效果中添加随机的杂色效果,使光晕产生颗粒感。
- "发光颜色":单击"杂色"选项下面的色板,可以设置发光颜色;单击色板右侧的渐变条,可以在"渐变编辑器"对话框中选择或编辑渐变色。
- "方法":用来设置发光的方式。选择"柔和"方法,发光效果比较柔和;选择"精确"选项,可以得到精确的发光边缘。
- "源":控制光源的位置,有"居中"和"边缘"两个选项。
- "阻塞":用来在模糊或清晰之前收缩内发光的边界。
- "大小":设置光晕范围的大小。
- "等高线":使用等高线可以控制发光的形状。
- "范围":控制发光中作为等高线目标的部分或范围。
- "抖动":改变渐变的颜色和不透明度的应用。

步骤 09 按 Ctrl+J 键,复制"矩形 1 拷贝"图层,生成"矩形 1 拷贝 2"图层。在"图层"面板中删除"矩形 1 拷贝 2"图层的图层样式,设置"填充"数值为 0%。再双击"矩形 1 拷贝 2"图层,打开"图层样式"对话框。在对话框中,选中"内阴影"选项,设置"混合模式"为"正常",内阴影颜色为白色,"不透明度"数值为 15%,取消选中"使用全局光"复选框,设置"角度"数值为 -90 度,"距离"数值为 3 像素,"大小"数值为 1 像素,单击"确定"按钮应用图层样式。然后向上偏移"矩形 1 拷贝 2"图层,如图 8-66 所示。

图 8-66

步骤 10 选择"文件"|"置入嵌入对象"命令,置入所需的绘图工具图标文件。然后在"图层"面板中,双击图标文件图层,打开"图层样式"对话框。在对话框中,选中"渐变叠加"选项,设置"混合模式"为"颜色加深","不透明度"数值为 80%,渐变填充色为黑色至白色渐变,如图 8-67 所示。

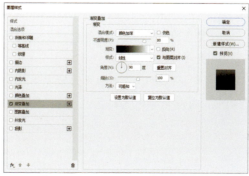

图 8-67

步骤 11 在"图层样式"对话框中,选中"描边"选项,设置"大小"数值为 1 像素,"位置"为"外部","不透明度"数值为 60%,"填充类型"为"颜色",颜色为 R:20 G:33 B:47,如图 8-68 所示。

步骤 12 在"图层样式"对话框中,选中"投影"选项,设置"混合模式"为"颜色加深",投影颜色为黑色,"不透明度"数值为 35%,"角度"数值为 80 度,"距离"数值为 6 像素,"大小"数值为 9 像素,如图 8-69 所示。

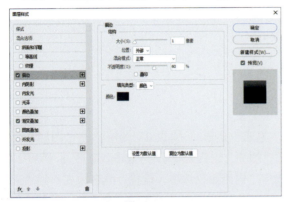
图 8-68

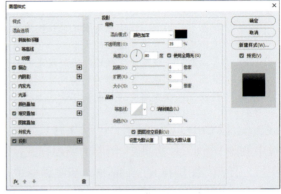
图 8-69

步骤 13 在"图层样式"对话框中,选中"斜面和浮雕"选项,设置"样式"为"内斜面","方法"为"平滑","深度"数值为 200%,"大小"为 5 像素,"角度"数值为 80 度,"高度"数值为 30 度,在"光泽等高线"下拉面板中选择"高斯"选项;设置"高光模式"为"正常",颜色为白色,"不透明度"数值为 0%;设置"阴影模式"为"正常",颜色为 R:0 G:30 B:128,"不透明度"数值为 25%,如图 8-70 所示。

步骤 14 在"图层样式"对话框中,选中"内阴影"选项,设置"混合模式"为"正常",内阴影颜色为白色,"不透明度"数值为 75%,"角度"数值为 80 度,"距离"数值为 2 像素,"大小"数值为 1 像素,如图 8-71 所示。

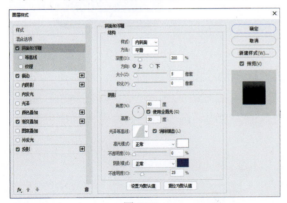
图 8-70

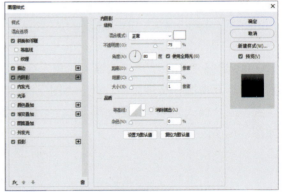
图 8-71

步骤 15 在"图层样式"对话框中,选中"内发光"选项,设置"混合模式"为"滤色","不透明度"数值为 75%,内发光颜色为白色,选中"边缘"单选按钮,设置"大小"数值为 3 像素,如图 8-72 所示。

第 8 章　图层混合与图层样式

步骤 16　在"图层样式"对话框中，选中"外发光"选项，设置"混合模式"为"滤色"，"不透明度"数值为 75%，"杂色"数值为 8%，外发光颜色为 R:18 G:45 B:86，"大小"数值为 18 像素，然后单击"确定"按钮应用图层样式，如图 8-73 所示。

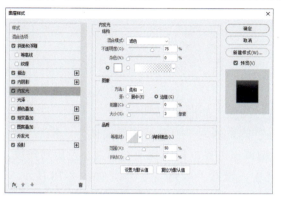
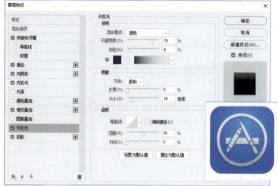

图 8-72　　　　　　　　　　　　　　　图 8-73

知识拓展

"外发光"样式与"内发光"样式非常相似，使用"外发光"样式可以沿图层内容的边缘向外创建发光效果。选中图层，选择"图层"|"图层样式"|"外发光"命令，在"外发光"设置选项中可以对外发光的结构、图素以及品质进行设置。"外发光"样式可用于制作自发光效果，以及人像或其他对象的光晕效果。

步骤 17　在"图层"面板中，按 Ctrl 键单击"矩形 1"图层缩览图载入选区，并单击"创建新图层"按钮，新建"图层 1"。然后按 Alt+Delete 键使用前景色填充选区，按 Ctrl+D 键取消选区，并向下偏移图层内容，如图 8-74 所示。

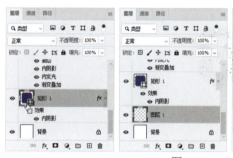

图 8-74

步骤 18　选择"滤镜"|"模糊"|"高斯模糊"命令，打开"高斯模糊"对话框。在对话框中，设置"半径"数值为 10 像素，然后单击"确定"按钮，如图 8-75 所示。

步骤 19　选择"滤镜"|"模糊"|"动感模糊"命令，打开"动感模糊"对话框。在对话框中，设置"角度"数值为 90 度，"距离"数值为 80 像素，然后单击"确定"按钮，如图 8-76 所示，完成绘图工具图标的绘制。

图 8-75　　　　　　　　　　　　　　　图 8-76

课堂案例6 制作玻璃质感文字效果

本例通过制作透明玻璃质感文字效果，进一步熟悉图层样式的添加与应用。

案例要点

- 使用图层样式

操作步骤

步骤01 选择"文件"|"打开"命令，打开一幅素材图像，如图8-77所示。

步骤02 选择"横排文字"工具，在选项栏中设置字体系列为"方正超粗黑简体"，然后使用"横排文字"工具在图像中输入文字，再按Ctrl+T键调出定界框自由变换文字大小及旋转角度。然后按Ctrl+J键复制文字图层，将两个文字图层选中，设置"填充"为0%，如图8-78所示。

步骤03 在"图层"面板中，双击下方的文字图层，打开"图层样式"对话框。在对话框中，选中"斜面和浮雕"选项，设置"样式"为"内斜面"，"深度"为160%，"大小"为20像素，"软化"为3像素，选择"光泽等高线"的样式；设置"高光模式"为正常，颜色为白色，"不透明度"为100%；设置"阴影模式"为"正片叠底"，颜色为R:252 G:157 B:159，"不透明度"为5%，如图8-79所示。

   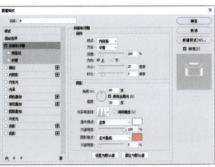

图8-77　　　　　　　　图8-78　　　　　　　　图8-79

步骤04 在"图层样式"对话框中，选中"等高线"选项，设置"范围"为60%，如图8-80所示。

步骤05 在"图层样式"对话框中，选中"内阴影"选项，设置"混合模式"为"正常"，颜色为R:252 G:157 B:159，"不透明度"为30%，"阻塞"为55%，"大小"为45像素，如图8-81所示。

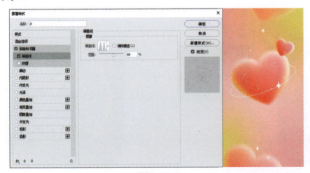 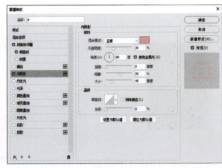

图8-80　　　　　　　　　　　　图8-81

第 8 章 图层混合与图层样式

知识拓展

在"斜面和浮雕"样式下方还有另外两种样式:"等高线"和"纹理"。选中"斜面和浮雕"样式下方的"等高线"复选框,切换到"等高线"设置选项。

使用"等高线"可以控制指定范围内的起伏效果,以模拟不同的材质。在"图层样式"对话框中,除"斜面和浮雕"样式外,"内阴影""内发光""光泽""外发光"和"投影"效果都包含等高线设置选项。单击"光泽等高线"选项右侧的按钮,可以在打开的下拉面板中选择预设的等高线样式,如图 8-82 所示。如果单击等高线缩览图,则可以打开"等高线编辑器"对话框。"等高线编辑器"对话框的使用方法与"曲线"对话框的使用方法非常相似,用户可以通过添加、删除和移动控制点来修改等高线的形状,从而影响图层样式的外观,如图 8-83 所示。

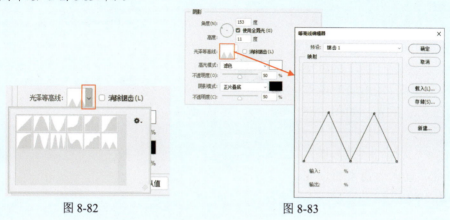

图 8-82　　　　　　　　　　　图 8-83

步骤 06 在"图层样式"对话框中,选中"投影"选项,设置"混合模式"为"正片叠底",颜色为 R:251 G:128 B:120,"不透明度"为 34%,"角度"为 34 度,"距离"为 28 像素,"扩展"为 10%,"大小"为 65 像素,如图 8-84 所示。单击"投影"选项右侧的加号,再添加一个"投影"样式,设置"不透明度"为 30%,"距离"为 28 像素,"扩展"为 7%,"大小"为 65 像素,如图 8-85 所示,单击"确定"按钮。

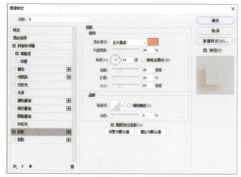 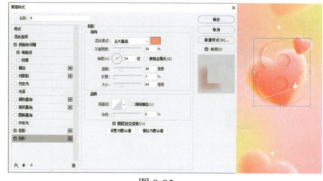

图 8-84　　　　　　　　　　　图 8-85

步骤 07 在"图层"面板中,双击上方的文字图层,打开"图层样式"对话框。在对话框中,选中"斜面和浮雕"选项,设置"样式"为"内斜面","深度"为 32%,"大小"为 65 像素,"软化"为 5 像素,选择"光泽等高线"的样式;设置"高光模式"为正常,颜色为白色,"不透明度"为 100%;设置"阴影模式"为"正片叠底",颜色为 R:252 G:157 B:159,"不透明度"为 5%,如图 8-86 所示。然后在对话框中选中"等高线"选项,设置"范围"为 60%,如图 8-87 所示。

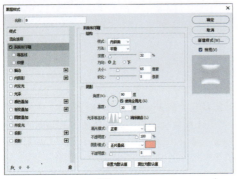

图 8-86　　　　　　　　　　　　图 8-87

步骤 08 使用"横排文字"工具添加文字，并复制一层。然后使用步骤(2)至步骤(7)相同的操作方法，制作文字效果，如图 8-88 所示。

步骤 09 选择"文件"|"置入嵌入对象"命令，置入所需素材，完成效果如图 8-89 所示。

图 8-88　　　　　　　　图 8-89

课堂案例 7　使用挖空功能制作拼贴照片

挖空功能可以让下方图层中的对象穿透上方图层显示出来，类似于用图层蒙版将上方图层的某些区域遮盖住了。它虽然没有图层蒙版的功能强大，但可以更快地合成图像。

案例要点

- 挖空功能

操作步骤

步骤 01 打开一幅素材图像，选择"文件"|"置入嵌入对象"命令置入所需素材，如图 8-90 所示。

步骤 02 选择"矩形"工具，在工具选项栏中选择"形状"选项，单击并拖曳鼠标创建矩形形状图层，如图 8-91 所示。

步骤 03 双击该图层，打开"图层样式"对话框。将"填充不透明度"

图 8-90

设置为0%，在"挖空"下拉列表中选择"深"选项，让"背景"图层中的原始图像显现出来，如图8-92所示。

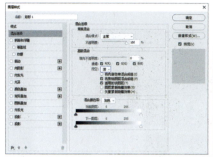

图 8-91　　　　　　　　　　　　　　　　图 8-92

步骤 04　按住 Ctrl 键并单击下方形状图层，将它们同时选取，按 Ctrl+G 键将其进行编组。按 Ctrl+T 键显示定界框，将图形旋转一定的角度，按 Enter 键确认，如图 8-93 所示。

步骤 05　选择"文件"|"置入嵌入对象"命令，置入其他装饰素材，完成效果如图 8-94 所示。

图 8-93　　　　　　　　　　　　　　　　图 8-94

课堂案例 8　使用混合颜色带合成图像

　　默认情况下，在打开的"图层样式"对话框中显示"混合选项"设置，用户可以对一些常见的选项，如混合模式、不透明度、混合颜色带等参数进行设置。使用混合选项只能隐藏像素，而不是真正删除像素。重新打开"图层样式"对话框后，将参数滑块拖回起始位置，便可以将隐藏的像素显示出来。"混合选项"中的"混合颜色带"选项用来控制当前图层与其下面的图层混合时，在混合结果中显示哪些像素。单击"混合颜色带"右侧的下拉按钮，在打开的下拉列表中选择不同的颜色选项，然后通过拖动下方的滑块，可调整当前图层对象的相应颜色。

案例要点

- 运用混合颜色带

操作步骤

步骤 01　选择"文件"|"打开"命令，打开一幅图像文件，并按快捷键 Ctrl+J 复制"背景"图层，如图 8-95 所示。

157

步骤 02 选择"滤镜"|"Camera Raw 滤镜"命令,打开"Camera Raw"对话框。在该对话框的"基本"折叠面板中,设置"色温"数值为 -35,"曝光"数值为 0.35,"高光"数值为 -23,"阴影"数值为 100,"黑色"数值为 60,然后单击"确定"按钮,如图 8-96 所示。

图 8-95　　　　　　　　　　　　　　　图 8-96

步骤 03 选择"文件"|"置入嵌入对象"命令,打开"置入嵌入的对象"对话框。在该对话框中,选择所需的图像文件,然后单击"置入"按钮,如图 8-97 所示。

步骤 04 在画板中调整置入图像的大小及位置,并按 Enter 键应用置入,如图 8-98 所示。

图 8-97　　　　　　　　　　　　　　　图 8-98

步骤 05 双击置入图像所在的图层,打开"图层样式"对话框。按住 Alt 键单击"混合选项"中"本图层"滑杆上黑色滑块的右侧滑块,将其拖动至靠近白色滑块处,如图 8-99 所示。

步骤 06 按住 Alt 键单击"混合选项"中"本图层"滑杆上黑色滑块的左侧滑块,将其拖动至数值 75 处,然后单击"确定"按钮关闭"图层样式"对话框,完成效果如图 8-100 所示。

图 8-99　　　　　　　　　　　　　　　图 8-100

提示内容

- "本图层"是指当前正在处理的图层,拖动本图层滑块,可以隐藏当前图层中的像素,显示出下面图层中的图像。将左侧黑色滑块向右拖动时,当前图层中所有比该滑块所在位置暗的像素都会被隐藏;将右侧的白色滑块向左拖动时,当前图层中所有比该滑块所在位置亮的像素都会被隐藏。
- "下一图层"是指当前图层下面的一个图层。拖动下一图层中的滑块,可以使下面图层中的像素穿透当前图层显示出来。将左侧黑色滑块向右拖动时,可显示下面图层中较暗的像素;将右侧的白色滑块向左拖动时,则可显示下面图层中较亮的像素。

课堂案例 9　使用"样式"面板快速制作广告

在 Photoshop 中,用户可以通过"样式"面板对图像或文字快速应用预设的图层样式效果,并且可以对预设样式进行编辑处理。用户也可以将 Photoshop 提供的预设样式库或外部样式库载入"样式"面板中。选择"窗口"|"样式"命令,可以打开"样式"面板。

案例要点

- "样式"面板

操作步骤

步骤 01　打开一个图像文件,并在"图层"面板中选中要添加样式的图层,如图 8-101 所示。

步骤 02　在"样式"面板中,单击面板菜单按钮,打开面板菜单。在该菜单中选择"导入样式"命令,如图 8-102 所示。

图 8-101　　　　　　　　　　　　　　图 8-102

步骤 03　在打开的"载入"对话框中,选中需要载入的样式库,然后单击"载入"按钮,如图 8-103 所示。

步骤 04　在"样式"面板中,单击刚载入的样式库中的样式,即可将其应用到文字图层中,如图 8-104 所示。

步骤 05　选择"图层"|"图层样式"|"缩放效果"命令,打开"缩放图层效果"对话框。在该对话框中,设置"缩放"数值为 30%,然后单击"确定"按钮,如图 8-105 所示。

图 8-103　　　　　　　　　　　图 8-104

图 8-105

 提示内容

　　应用"缩放效果"图层样式可以对目标分辨率和指定大小的效果进行调整。通过使用缩放效果，用户可以将图层样式中的效果缩放，而不会缩放应用图层样式的对象。

第9章 矢量绘图

绘图是Photoshop的一项重要功能，除使用"画笔"工具进行绘图外，矢量绘图也是一种常用的方式。在Photoshop中有两大类可以用于绘图的矢量工具：钢笔工具和形状工具。钢笔工具用于绘制不规则的形态，而形状工具则用于绘制规则的几何图形，如椭圆形、矩形、多边形等。

课堂案例1　使用"钢笔"工具绘制剪纸效果

"钢笔"工具是Photoshop中最为强大的绘制工具，它主要有两种用途：一是绘制矢量图形；二是用于选取对象。使用"钢笔"工具绘图与选取路径绘制方式基本相同，区别在于"钢笔"工具选取图像需要使用"路径"模式绘制路径，之后转换为选区并完成选取。而"钢笔"工具绘图需要使用的是"形状"模式，通过为其设置填充和描边颜色，即可绘制出带有色彩的图形。

案例要点

- 使用"钢笔"工具

操作步骤

步骤 01　打开素材文件，在"图层"面板中单击"创建新的填充或调整图层"按钮，新建一个纯色填充图层，如图9-1所示。

步骤 02　在"图层"面板中，选中"颜色填充 1"图层蒙版。选择"钢笔"工具，在选项栏中设置绘图模式为"路径"，在图像中绘制路径，然后按Ctrl+Enter键将路径转换为选区，如图9-2所示。

图 9-1

图 9-2

提示内容

在使用"钢笔"工具进行绘制的过程中，可以按住 Ctrl 键切换为"直接选择"工具移动锚点，按住 Alt 键则切换为"转换点"工具，转换锚点性质。

步骤 03　按 Alt+Delete 键，使用前景色填充选区，蒙版效果如图 9-3 所示。然后双击"颜色填充 1"图层，打开"图层样式"对话框。在对话框中，选中"投影"选项，并在右侧设置"不透明度"为 50%，"大小"为 32 像素，然后单击"确定"按钮，如图 9-4 所示

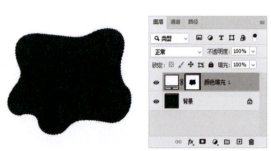
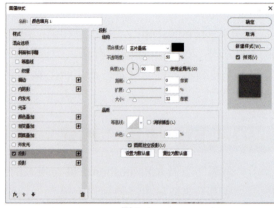

图 9-3　　　　　　　　　　　　　　　　　图 9-4

步骤 04　按 Ctrl+J 键复制"颜色填充 1"图层，并按 Ctrl+T 键调出定界框，放大并旋转图像如图 9-5 所示。然后使用相同的操作方法，多次复制并变换图像，如图 9-6 所示。

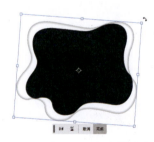
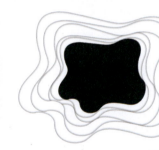

图 9-5　　　　　　　　　　　　　　　　　图 9-6

步骤 05　双击"颜色填充 1 拷贝"图层缩览图，打开"拾色器(纯色)"对话框更改填充颜色，如图 9-7 所示。使用相同的操作方法，更改其他图层的填充颜色，效果如图 9-8 所示。

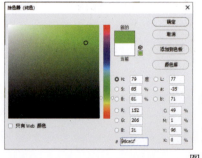

　　　图 9-7　　　　　　　　　　　　　图 9-8

步骤 06　选择"文件"|"置入嵌入对象"命令，分别置入所需素材对象，完成效果如图 9-9 所示。

图 9-9

课堂案例 2 使用形状工具制作吊牌

在Photoshop中，提供了"矩形"工具、"椭圆"工具、"三角形"工具、"多边形"工具、"直线"工具和"自定形状"工具6种基本形状绘制工具。

案例要点

- 使用"矩形"工具
- 使用"椭圆"工具

操作步骤

步骤 01 打开一幅素材图像，选择"视图"|"显示"|"网格"命令，显示网格，如图 9-10 所示。

步骤 02 选择"矩形"工具，在选项栏中设置工具工作模式为"形状"，然后使用"矩形"工具在画板中依据网格绘制矩形。将鼠标光标移动至矩形圆角半径控制点上，单击并按 Alt 键向内拖动，调整矩形效果如图 9-11 所示。

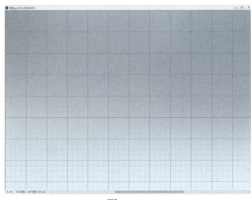
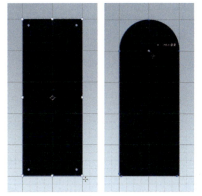

图 9-10　　　　　　　　　图 9-11

提示内容

"矩形"工具用来绘制矩形或圆角矩形。在工具箱中选择"矩形"工具。在工具选项栏中可以设置绘图模式以及填充、描边等属性；单击工具 ⚙ 按钮，打开下拉面板，在面板中可以设置创建矩形的方法，如图 9-12 所示。

- "方形"单选按钮：选择该单选按钮，会创建正方形图形。
- "固定大小"单选按钮：选择该单选按钮，会按该选项右侧的 W 与 H 文本框设置的宽高尺寸创建矩形图形。

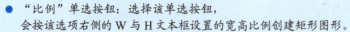

图 9-12

- "比例"单选按钮：选择该单选按钮，会按该选项右侧的 W 与 H 文本框设置的宽高比例创建矩形图形。
- "从中心"复选框：选中该复选框后，创建矩形时，鼠标在画面中的单击点即为矩形的中心，拖动鼠标创建矩形对象时将由中心向外扩展。

设置完成后，在画板中单击左键并拖动鼠标即可创建矩形。按住 Shift 键拖动鼠标则可以创建正方形；按住 Alt 键拖动鼠标会以单击点为中心向外创建矩形；按住 Shift+Alt 组合键会以单击点为中心向外创建正方形。

如果想要得到精确尺寸的矩形，还可以在选择"矩形"工具后，在画面中单击，会弹出用于设置精确选项数值的"创建矩形"对话框，参数设置完毕后，单击"确定"按钮，即可得到精确尺寸的矩形，如图 9-13 所示。

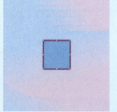

图 9-13

步骤 03 选择"椭圆"工具，在选项栏中单击"路径操作"按钮，在弹出的下拉列表中选择"减去顶层形状"命令，然后使用"椭圆"工具，按 Shift+Alt 键的同时拖动绘制圆形，如图 9-14 所示。

步骤 04 在"图层"面板中，双击"矩形 1"图层，打开"图层样式"对话框。在对话框中，选中"描边"选项，设置"大小"数值为 20 像素，"位置"为"外部"，"颜色"为白色，如图 9-15 所示。

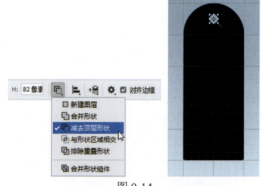

图 9-14

步骤 05 在"图层样式"对话框中，选中"投影"选项，设置"不透明度"数值为 55%，"角度"数值为 45 度，"距离"数值为 40 像素，"大小"数值为 60 像素，然后单击"确定"按钮，如图 9-16 所示。

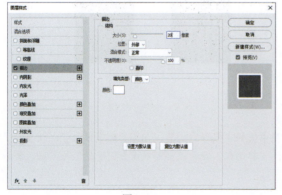

图 9-15

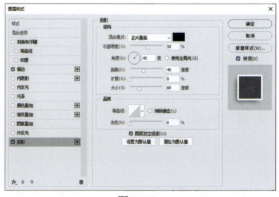

图 9-16

步骤 06 按Ctrl+T键应用"自由变换"命令,在选项栏中设置"旋转"为–20度,如图9-17所示。

步骤 07 选择"移动"工具,按Ctrl+Alt键复制并移动"矩形 1"图层对象,如图9-18所示。

步骤 08 在"图层"面板中,选中"矩形 1"图层。选择"文件"|"置入嵌入对象"命令,打开"置入嵌入的对象"对话框。在对话框中选择需要的图像文件,单击"置入"按钮置入图像,并调整图像角度及大小,如图9-19所示。

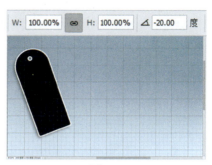

图 9-17

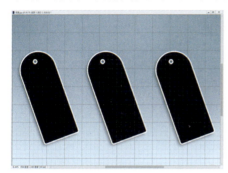

图 9-18

图 9-19

步骤 09 在置入图像图层上右击,在弹出的快捷菜单中选择"创建剪贴蒙版"命令,结果如图9-20所示。

步骤 10 使用步骤(8)至步骤(9)的操作方法,为复制的"矩形 1"图层添加剪贴蒙版对象,完成效果如图9-21所示。

图 9-20

图 9-21

知识拓展

使用"矩形"工具还可以绘制带有圆角的矩形图形。选择"矩形"工具,在选项栏中设置"圆角的半径"数值后,在画面中拖动即可绘制圆角矩形,如图9-22所示。还可以选择"矩形"工具后,在画面中单击,在弹出的"创建矩形"对话框中设置"半径"数值。设置完成后,单击"确定"按钮也可以创建圆角矩形,如图9-23所示。

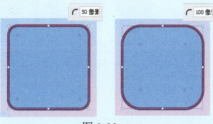

图 9-22

图 9-23

课堂案例 3　使用"椭圆"工具绘制杂志版式

"椭圆"工具用于创建椭圆形和圆形的图形对象。该工具选项栏的设置及创建图形的操作方法与"矩形"工具基本相同，只是在其选项栏的"椭圆选项"下拉面板中少了"方形"单选按钮，而多了"圆(绘制直径或半径)"单选按钮。选择此单选按钮，可以以设置直径或半径的方式创建圆形图形。

案例要点

- 使用"椭圆"工具

操作步骤

步骤 01　打开一幅素材图像，在"图层"面板中单击"创建新的填充或调整图层"按钮，新建一个纯色填充图层，如图 9-24 所示。

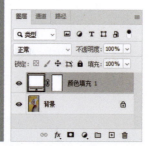

图 9-24

步骤 02　选择"椭圆"工具，在选项栏中设置绘图模式为"形状"，"填充"为灰色，然后使用"椭圆"工具在画板中拖动绘制椭圆形，如图 9-25 所示。

步骤 03　重复按 Ctrl+J 键复制椭圆形图层，然后按 Ctrl+T 键调出定界框，移动并调整复制图层，如图 9-26 所示。

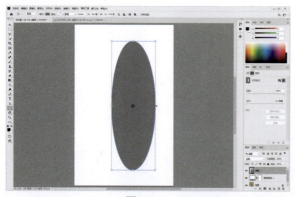
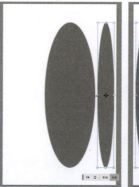

　　　　　　图 9-25　　　　　　　　　　　　　　　图 9-26

第 9 章 矢量绘图

步骤 04 在"图层"面板中,选中全部椭圆形图层,按 Ctrl+G 键进行编组,如图 9-27 所示。

步骤 05 在"图层"面板中,设置图层组"填充"为 0%。然后双击图层组,打开"图层样式"对话框。在对话框的"混合选项"中,设置"挖空"为"深",单击"确定"按钮,如图 9-28 所示。

步骤 06 选择"文件"|"置入嵌入对象"命令,置入所需的文字素材,完成效果如图 9-29 所示。

图 9-27

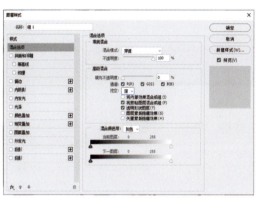

图 9-28

图 9-29

> **提示内容**
>
> 如果想要得到尺寸精确的椭圆形或圆形,可以在选择"椭圆"工具后,在画面中单击,然后会弹出用于设置精确选项数值的"创建椭圆"对话框,如图 9-30 所示。参数设置完毕后,单击"确定"按钮,即可得到尺寸精确的图形。
>
>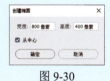
>
> 图 9-30

课堂案例 4　使用"多边形"工具制作优惠券领取界面

使用"多边形"工具可以创建出各种边数的多边形及星形。多边形可以应用在很多方面,如标志设计、海报设计等。

案例要点

- 使用"多边形"工具

操作步骤

步骤 01 选择"文件"|"新建"命令,打开"新建文档"对话框。在对话框中,设置"宽度"为 1024 像素,"高度"为 1536 像素,"分辨率"为 300 像素/英寸,然后单击"创建"按钮新建空白文档,如图 9-31 所示。

步骤 02 在"颜色"面板中,设置前景色为 R:248 G:166 B:129,然后按 Alt+Delete 键使用前景色填充"背景"图层,效果如图 9-32 所示。

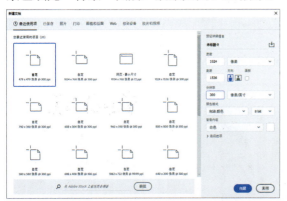

图 9-31　　　　　　　　　　　　　　图 9-32

步骤 03 选择"视图"|"显示"|"网格"命令,显示网格。选择"矩形"工具,在选项栏中选择工具模式为"形状","填充"为 R:255 G:82 B:73,"描边"为无,然后使用"矩形"工具在画板中拖动绘制矩形,生成"矩形 1"图层。接着在"图层"面板中,单击"锁定位置"按钮,如图 9-33 所示。

步骤 04 在"图层"面板中,选中"背景"图层。选择"多边形"工具,在选项栏中设置边数为 6,然后使用"多边形"工具在画板中依据网格拖动绘制六边形,如图 9-34 所示。

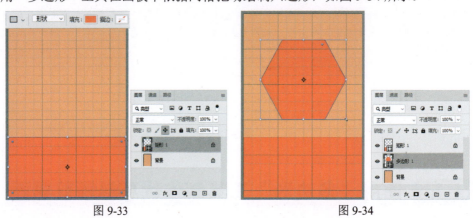

图 9-33　　　　　　　　　　　　　　图 9-34

步骤 05 在"图层"面板中,双击"多边形 1"图层,打开"图层样式"对话框。在对话框中,选中"描边"选项,设置"大小"为 18 像素,"位置"为"内部","颜色"为 R:247 G:229 B:213,如图 9-35 所示。

步骤 06 在"图层样式"对话框中,选中"投影"选项,设置"混合模式"为"正片叠底","不透明度"为 25%,"角度"为 70 度,"距离"为 25 像素,"大小"为 80 像素,然后单击"确定"按钮应用图层样式,如图 9-36 所示。

第 9 章 矢量绘图

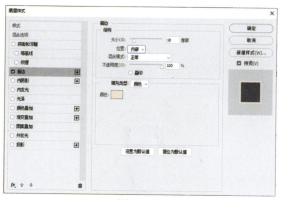
图 9-35

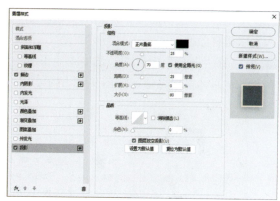
图 9-36

步骤 07 选择"文件"|"置入嵌入对象"命令，置入所需的模特图像文件。在"图层"面板中，右击刚置入的图像图层，在弹出的快捷菜单中选择"创建剪贴蒙版"命令创建剪贴蒙版，如图 9-37 所示。

步骤 08 在"图层"面板中，选中"背景"图层。选择"矩形"工具，在选项栏中选择工具模式为"形状"，"填充"为 R:239 G:211 B:133，"描边"为无，然后使用"矩形"工具在画板中拖动绘制矩形，生成"矩形 2"图层，如图 9-38 所示。

图 9-37

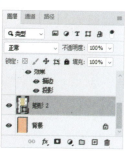
图 9-38

步骤 09 选择"文件"|"置入嵌入对象"命令，置入所需的化妆品素材图像，如图 9-39 所示。然后按 Ctrl+T 键应用"自由变换"命令调整图像角度。再在"图层"面板中，选中"矩形 2"图层，按 Ctrl+T 键应用"自由变换"命令，调整矩形角度及位置，如图 9-40 所示。

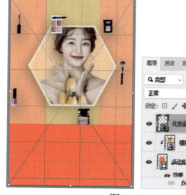
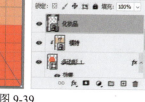
图 9-39

图 9-40

步骤 10 在"图层"面板中,选中"化妆品"图层。选择"文件"|"置入嵌入对象"命令,置入文字素材图像,如图 9-41 所示。

步骤 11 在"图层"面板中,选中"矩形 1"图层。使用"文件"|"置入嵌入对象"命令,分别置入优惠券素材图像,如图 9-42 所示。

图 9-41

图 9-42

步骤 12 在"图层"面板中,选中上一步置入的素材图层,按 Ctrl+T 键应用"自由变换"命令,在选项栏中设置 W 数值为 80%,如图 9-43 所示。然后使用"移动"工具,依据参考线调整优惠券图像位置,如图 9-44 所示。

图 9-43

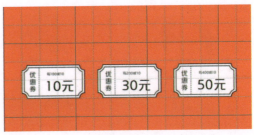

图 9-44

步骤 13 选择"横排文字"工具,在画板中输入文字内容,并在"字符"面板中选择字符系列为"方正汉真广标简体",字体大小为 18 点,字符间距为 200,字体颜色为白色,然后再次选择"视图"|"显示"|"网格"命令,隐藏网格,完成效果如图 9-45 所示。

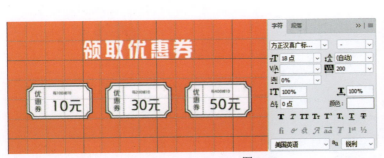

图 9-45

知识拓展

如果要绘制星形，单击选项栏的 ✿ 按钮，在弹出的下拉面板中设置"星形比例"数值，再设置星形顶点数，即可在画板中绘制星形，如图9-46所示。

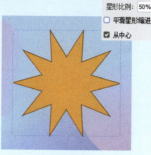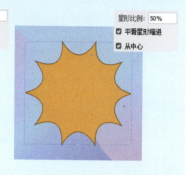

图9-46

- "星形比例"：调整星形比例的百分比，以生成完美的星形。
- "平滑星形缩进"：选中此复选框，可在缩进星形边的同时使边缘平滑。
- "从中心"：选中此复选框，可以鼠标单击点为中心创建图形。

如果想要得到尺寸精确的多边形或星形，可以在选择"多边形"工具后，在画面中单击，然后会弹出用于设置精确选项数值的"创建多边形"对话框，参数设置完毕后，单击"确定"按钮，即可得到尺寸精确的图形，如图9-47所示。

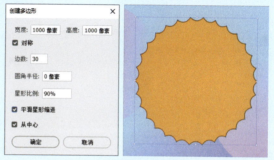

图9-47

课堂案例5 使用形状工具制作邮票

除了常规的几何图形，Photoshop还内置了多种形状图案可供用户直接使用。使用"自定形状"工具或"形状"面板，可以创建预设的形状、自定义的形状或外部提供的形状。

案例要点

- 使用"自定形状"工具

操作步骤

步骤 01 打开一幅素材图像，选择"自定形状"工具，在选项栏中设置绘制模式为"形状"，填充颜色为白色，单击"形状"选项右侧的 ✓ 按钮，在弹出的下拉面板中选择邮票图形，如图9-48所示。

图9-48

步骤 02 在画布上按住 Shift 键并拖曳鼠标，绘制图形，如图 9-49 所示。

步骤 03 选择"图框"工具，单击选项栏中的 ⊠ 按钮，在绘制的图形上创建矩形图框，如图 9-50 所示。

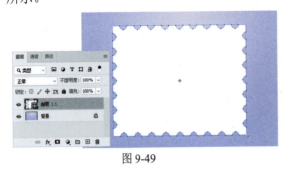

图 9-49

图 9-50

步骤 04 选择"文件"|"置入嵌入对象"命令，在弹出的"置入嵌入的对象"对话框中选择所需的素材图像，如图 9-51 所示，单击"置入"按钮。

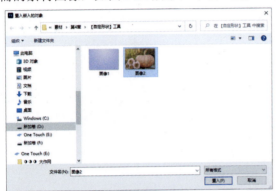

图 9-51

步骤 05 在"图层"面板中，双击邮票形状图层，打开"图层样式"对话框。在对话框中，选中"投影"选项，设置"不透明度"数值为 50%，"距离"数值为 32 像素，"大小"数值为 90 像素，然后单击"确定"按钮，如图 9-52 所示。

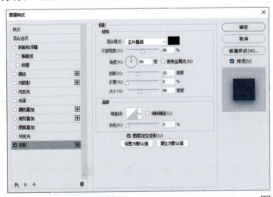

图 9-52

💡 提示内容

使用形状工具在文档窗口中单击并拖曳鼠标绘制出形状时，不要放开鼠标按键，同时按住空格键移动鼠标，可以移动形状；放开空格键继续拖曳鼠标，则可以调整形状大小。将这一操作连贯并重复运用，就可以动态调整形状的大小和位置。

课堂案例6　使用"路径操作"功能制作新年海报

在使用"钢笔"工具或形状工具创建多个路径时，可以在选项栏中单击"路径操作"按钮，在弹出的下拉列表中选择"合并形状""减去顶层形状""与形状区域相交"或"排除重叠形状"选项，可以设置路径运算的方式，创建特殊效果的图形形状。

案例要点

- 运用"路径操作"功能

操作步骤

步骤 01 打开一幅素材图像，在"图层"面板中选中文字图层，如图9-53所示。右击文字图层，在弹出的快捷菜单中选择"转换为形状"命令，将文字图层转换为形状，如图9-54所示。

图 9-53

图 9-54

步骤 02 选择"矩形"工具，在选项栏中设置绘图模式为"形状"，并单击"路径操作"按钮，在弹出菜单中选中"合并形状"选项，然后在文字形状下方绘制不同长度的矩形，如图9-55所示。

步骤 03 选择"文件"|"置入嵌入对象"命令，置入所需的素材图像，并在"图层"面板中，按Alt键单击素材图层与文字形状图层之间，创建剪贴蒙版，如图9-56所示。

图 9-55　　　　　　图 9-56

步骤 04 在"图层"面板中选中文字形状图层，双击打开"图层样式"对话框。在对话框中，选中"描边"选项，设置"大小"为5像素，"位置"为"内部"，颜色为R:255 G:253 B:221，如图9-57所示。

步骤 05 在"图层样式"对话框中，选中"投影"选项，设置"不透明度"为57%，"距离"为5像素，"扩展"为13%，"大小"为23像素，然后单击"确定"按钮，完成效果如图9-58所示。

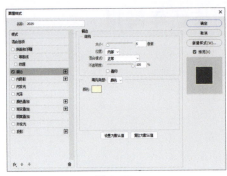
图 9-57
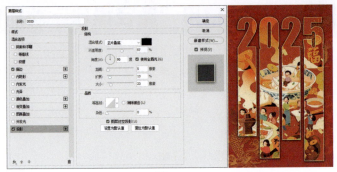
图 9-58

知识拓展

- "合并形状"：该选项可以将新绘制的路径添加到原有路径中，如图 9-59 所示。
- "减去顶层形状"：该选项将从原有路径中减去新绘制的路径，如图 9-60 所示。

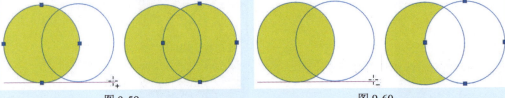

图 9-59　　　　　　　　　　　　　图 9-60

- "与形状区域相交"：该选项得到的路径为新绘制的路径与原有路径的交叉区域，如图 9-61 所示。
- "排除重叠形状"：该选项得到的路径为新绘制的路径与原有路径重叠区域以外的路径形状，如图 9-62 所示。

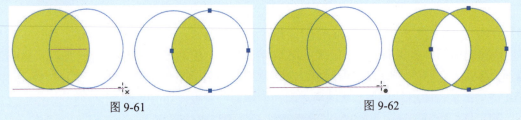

图 9-61　　　　　　　　　　　　　图 9-62

第 10 章 文字编辑与应用

文字是设计作品中常见的元素。文字不仅可以用来传递信息，很多时候也能起到美化版面的作用。在 Photoshop 中有着非常强大的文字创建与编辑功能，不仅有多种文字工具可供使用，更有多个参数设置面板可以用来修改文字的效果。

课堂案例 1 在照片上添加签名

"点文本"是最常见的文本形式。在点文本输入状态下，输入的文字会一直沿着水平或垂直方向进行排列。行的长度随着文字的输入而不断增加，不会进行自动换行，需要手动按 Enter 键换行。在创建标题、海报上少量的宣传文字、艺术字等字数较少的文字时，可以通过点文本来完成。

案例要点

- 创建点文本
- 使用"横排文字"工具

操作步骤

步骤 01 打开一幅素材图像，接着选择"横排文字"工具，在选项栏中设置合适的字体、字号，文字颜色为白色，设置完成后在画面下方的位置单击，随即显示占位符，如图 10-1 所示。

步骤 02 接着输入文字内容，文字会沿着水平方向进行排列，如图 10-2 所示。在需要进行换行时，按下键盘上的 Enter 键进行换行，然后开始输入第二行文字。文字输入完成后，单击选项栏中的 ✓ 按钮，或按 Ctrl+Enter 键。

图 10-1

图 10-2

步骤 03 在工作区中显示的浮动选项栏中，单击"更多文字选项"按钮，在弹出的面板中设置字符间距，如图 10-3 所示。

知识拓展

在文字输入状态下，单击鼠标左键3下可以选择一行文字；单击4下可以选择整个段落；按下Ctrl+A键，可以选取全部文字；或双击文字图层缩览图即可全选文字。

步骤 04　选择"直线"工具，在选项栏中设置"描边"颜色为白色，粗细为1像素，然后使用"直线"工具在画面中绘制直线，如图10-4所示。

图 10-3

图 10-4

知识拓展

点文本和段落文本可以互相转换。如果是点文本，可选择"文字"|"转换为段落文本"命令，将其转换为段落文本；如果是段落文本，可选择"文字"|"转换为点文本"命令，将其转换为点文本。将段落文本转换为点文本时，所有溢出定界框的字符都会被删除。因此，为了避免丢失文字，应首先调整定界框，使所有文字在转换前都显示出来。

步骤 05　选择"横排文字"工具，在选项栏中设置合适的字体、字号，文字颜色为白色，设置完成后在画面下方的位置单击并输入文字内容，如图10-5所示。

步骤 06　使用"移动"工具，选中所有图层，在选项栏中单击"水平居中对齐"按钮，完成效果如图10-6所示。

图 10-5

图 10-6

提示内容

在使用文字工具输入文字之前，用户需要在选项栏或"字符"面板中设置字符的属性，包括文字字体、大小、颜色等。选择文字工具后，可以在如图10-7所示的选项栏中设置字体的系列、样式、大小、颜色和对齐方式等。

第 10 章 文字编辑与应用

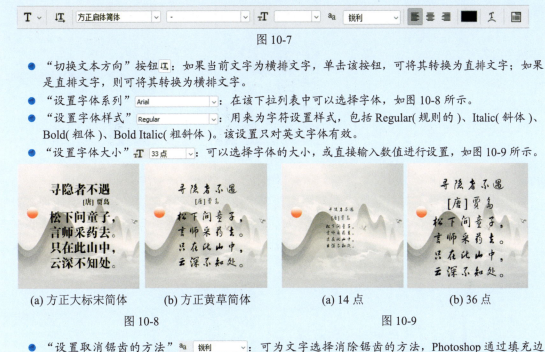

图 10-7

- "切换文本方向"按钮：如果当前文字为横排文字，单击该按钮，可将其转换为直排文字；如果是直排文字，则可将其转换为横排文字。
- "设置字体系列" Arial：在该下拉列表中可以选择字体，如图 10-8 所示。
- "设置字体样式" Regular：用来为字符设置样式，包括 Regular(规则的)、Italic(斜体)、Bold(粗体)、Bold Italic(粗斜体)。该设置只对英文字体有效。
- "设置字体大小" 33点：可以选择字体的大小，或直接输入数值进行设置，如图 10-9 所示。

(a) 方正大标宋简体　　(b) 方正黄草简体　　　　(a) 14 点　　　　　(b) 36 点

图 10-8　　　　　　　　　　　　　　　图 10-9

- "设置取消锯齿的方法" 锐利：可为文字选择消除锯齿的方法，Photoshop 通过填充边缘像素来产生边缘平滑的文字。该下拉列表包括"无"、"锐利"、"犀利"、"浑厚"、"平滑"、Windows LCD 和 Windows，共 7 种选项供用户选择。
- "设置文本对齐"：在该选项中可以设置文本对齐的方式，包括"左对齐文本"按钮、"居中对齐文本"按钮和"右对齐文本"按钮。
- "设置文本颜色"：单击该按钮，可以打开"拾色器(文本颜色)"对话框，设置文字的颜色。默认情况下，使用前景色作为创建的文字颜色。
- "创建文字变形"按钮：单击该按钮，可以打开"变形文字"对话框。通过该对话框，用户可以设置文字的多种变形样式。
- "切换字符和段落面板"按钮：单击该按钮，可以打开或隐藏"字符"面板和"段落"面板。

课堂案例 2　使用文字工具制作广告

在需要创建文字量较大的文本时，可以使用段落文本来完成。段落文本可以自动换行，用户也可以调整其区域大小。段落文本常用于书籍、杂志、报纸或其他包含大量文字的版面设计。

案例要点

- 创建段落文本

操作步骤

步骤 01　选择"文件"|"新建"命令，打开"新建文档"对话框。在对话框中，设置"宽度"为 1280 像素，"高度"为 1811 像素，然后单击"创建"按钮新建一个文档，如图 10-10 所示。

步骤 02　选择"文件"|"置入嵌入对象"命令，置入素材图像，然后使用"矩形选框"工具在文档右侧创建选区，并单击"添加图层蒙版"按钮创建图层蒙版，如图 10-11 所示。

图 10-10　　　　　　　　　　　　　　图 10-11

步骤 03　使用相同的操作方法，置入另一幅素材图像，并创建图层蒙版，如图 10-12 所示。

步骤 04　在"图层"面板中，单击"创建新图层"按钮，新建一个图层。使用"多边形套索"工具在文档中创建选区，再将前景色设置为 R:153 G:203 B:228，并按 Alt+Delete 键填充选区。然后在"图层"面板中设置混合模式为"线性加深"，"不透明度"为 70%，如图 10-13 所示。

图 10-12　　　　　　　　　　　　　　图 10-13

知识拓展

选择文字工具，在画布中单击并拖动鼠标创建文本框时，如果同时按住 Alt 键，会打开"段落文字大小"对话框，如图 10-14 所示。在该对话框中输入"宽度"和"高度"数值，可以精确地定义文本框大小。要更改数值单位，可以在"宽度"或"高度"数值框上右击，在弹出的快捷菜单中选择所需要的数值单位。

图 10-14

步骤 05　选择"横排文字"工具，在"属性"面板中设置合适的字体、字号、文字颜色、对齐方式，然后在图像中单击并拖动鼠标创建矩形文本框。在文本框中输入文字内容，文字会自动排列在文本框中，如图 10-15 所示。

步骤 06　使用"横排文字"工具选中文字，在"属性"面板中更改字体大小为 44 点，行距为 48 点，字符间距为 -50，如图 10-16 所示。如果文本框不能显示全部文字内容时，其右下角的控制点会变为 形状。如果要调整文本框的大小，可将光标移到文本框边缘处，按住鼠标左键拖动即可。随着文本框大小的改变，文字也会重新排列。

第 10 章　文字编辑与应用

图 10-15

图 10-16

步骤 07 继续选择"横排文字"工具，在文档中输入文字。然后在"属性"面板中设置字体、字号、文字颜色、对齐方式，如图 10-17 所示。

步骤 08 继续使用"横排文字"工具创建文本框，选择"文字"|"粘贴 Lorem Ipsum"命令填充占位符文字，然后在"属性"面板中设置字体、字号、文字颜色、对齐方式，完成效果如图 10-18 所示。

图 10-17

图 10-18

提示内容

文本框还可以进行旋转操作。将光标放在文本框一角处，当其变为弯曲的双向箭头时，按住鼠标左键拖动，即可旋转文本框，文本框中的文字也会随之旋转。在旋转过程中，如果按住 Shift 键，能够以 15°为增量进行旋转。调整完成后，单击选项栏中的 ✓ 按钮，或按快捷键 Ctrl+Enter 确认操作。如果要放弃对文本的修改，可以单击选项栏中的 ⊘ 按钮，或按 Esc 键。

课堂案例3　在特定区域内添加文字

"区域文本"与"段落文本"比较类似，都是被限定在某个特定区域内。区别在于"段落文本"处于一个矩形文本框中，而"区域文本"的外框可以是任何图形。

案例要点

- 创建区域文本
- 使用"粘贴 Lorem ipsum"命令

操作步骤

步骤01 打开一幅素材图像，选择"钢笔"工具，在选项栏中设置"绘制模式"为"路径"，设置完成后在画面中绘制如图10-19所示的形状路径。

步骤02 选择"横排文字"工具，在其选项栏中设置合适的字体、字号及文本颜色。移动光标至闭合路径中，当光标显示为 时单击，即可在路径区域中显示文字插入点，如图10-20所示。

图 10-19　　　　　　　　　　图 10-20

步骤03 在闭合路径区域中单击，选择"文字"|"粘贴 Lorem Ipsum"命令，文本框即可快速被字符填满。输入完成后，单击选项栏中的 ✓ 按钮，或按 Ctrl+Enter 键，效果如图10-21所示。单击其他图层，即可隐藏路径。

图 10-21

知识拓展

在使用 Photoshop 制作包含大量文字的版面时，通常需要对版面中内容的摆放位置以及所占区域进行规划。此时利用"占位符"功能可以快速输入文字，填充文本框。在设置好文本属性后，在修改时只需删除占位符文本，并重新贴入需要使用的文字即可。

"粘贴 Lorem Ipsum"常用于段落文本中。使用文字工具绘制一个文本框，然后选择"文字"|"粘贴 Lorem Ipsum"命令，文本框即可快速被字符填满。如果使用文字工具在画面中单击，然后选择"文字"|"粘贴 Lorem Ipsum"命令，会自动沿水平或垂直方向添加占位字符。

如果要关闭占位符，可以使用 Ctrl+K 键打开"首选项"对话框，在"文字"选项组中，取消选中"使用占位符文本填充新文字图层"复选框，即可关闭占位符的显示。

课堂案例 4　使用路径文字制作海报

路径文字是使用"横排文字"工具或"直排文字"工具依附于路径创建的一种文字类型。改变路径形状时，文字的排列方式也会随之改变。

第 10 章　文字编辑与应用

案例要点

- 创建路径文字

操作步骤

步骤 01 打开一幅背景素材，然后选择"文件"|"置入嵌入对象"命令，置入西蓝花素材图像，如图 10-22 所示。

步骤 02 在"图层"面板中，按 Ctrl 键单击图层缩览图，载入西蓝花选区，如图 10-23 所示。

图 10-22　　　　　　　　　　　　　　图 10-23

步骤 03 选择"选择"|"修改"|"扩展选区"命令，打开"扩展选区"对话框。在对话框中，设置"扩展量"为 40 像素，然后单击"确定"按钮，如图 10-24 所示。

步骤 04 在"路径"面板中，单击"从选区生成工作路径"按钮，将选区转换为工作路径，如图 10-25 所示。

图 10-24　　　　　　　　　　　　　　图 10-25

步骤 05 选择"横排文字"工具，将光标放置在路径上，当其显示为 ⌓ 时单击，即可在路径上显示文字插入点。输入文字后，文字会沿着路径进行排列，如图 10-26 所示。改变路径形状后，文字的排列方式也会随之发生改变。

步骤 06 在"图层"面板中，选中西蓝花图层和文字图层，单击"链接图层"按钮。然后按 Ctrl+J 键两次复制图层，并调整图像大小及位置，效果如图 10-27 所示。

> **提示内容**
>
> 要调整所创建文字在路径上的位置，可以选择"路径选择"工具，然后移动光标至文字路径边缘，当其显示为 ▸ 或 ▸ 时按住鼠标左键，沿着路径方向拖动文字即可。在拖动文字的过程中，还可以拖动文字至路径的内侧或外侧。

181

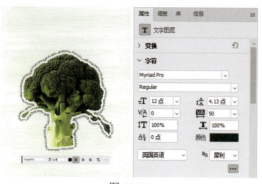
图 10-26

图 10-27

步骤 07 使用"横排文字"工具在图像中单击并输入文字，在浮动选项栏中设置字体样式、字体大小，如图 10-28 所示。

步骤 08 继续使用"横排文字"工具输入文字，并在浮动选项栏中设置字体大小，如图 10-29 所示。使用相同的操作方法，输入其他文字，并在浮动选项栏中设置字体样式、字体大小，完成效果如图 10-30 所示。

图 10-28　　　　　图 10-29　　　　　图 10-30

课堂案例 5　创建文字选区处理图像

"横排文字蒙版"工具和"直排文字蒙版"工具主要用于创建文字形状选区，而不是实体文字。选择其中的一个工具，在画面中单击，然后输入文字即可创建文字形状选区。文字形状选区可以像任何其他选区一样被移动、复制、填充或描边。

案例要点

● 使用"横排文字蒙版"工具

操作步骤

步骤 01 打开一幅素材图像，选择"文件"|"置入嵌入对象"命令，置入所需的素材图像，如图 10-31 所示。

步骤 02 选择"横排文字蒙版"工具，在选项栏中设置字体系列为"方正汉真广标简体"，字体大小为 200 点，单击"居中对齐文本"按钮，在画板中输入文字内容，如图 10-32 所示。

步骤 03 在"图层"面板中，单击"创建新图层"按钮，新建"图层 1"。将前景色设置为白色，选择"画笔"工具,在"画笔设置"面板中,选中"Kyle 雨滴散布"画笔样式,设置"形状抖动"选项组中的"角度抖动"为10%,如图 10-33 所示。然后使用"画笔"工具在文字选区中涂抹。

图 10-31

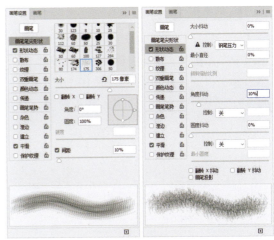

图 10-32　　　　　　　　　　　　　　　图 10-33

步骤 04　按 Ctrl+D 键取消选区,在选项栏中设置画笔大小为 10 像素,然后在画板中绘制直线段,如图 10-34 所示。

图 10-34

步骤 05　在"图层"面板中,双击"图层 1",打开"图层样式"对话框。在对话框中,选中"投影"选项,设置"不透明度"数值为 50%,"角度"数值为 45 度,"距离"数值为 10 像素,"大小"数值为 7 像素,然后单击"确定"按钮,完成效果如图 10-35 所示。

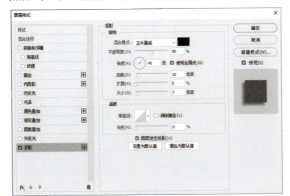

图 10-35

课堂案例6　制作闪屏页

利用文字工具选项栏可以方便地设置文字属性，但在选项栏中只能对一些常用的属性进行设置，而对于间距、样式、缩进、避头尾法则等选项的设置，则需要使用"字符"面板和"段落"面板。这两个面板是进行文字版面设计时最常用的工具。

案例要点

- 使用"横排文字"工具
- 使用"字符"面板
- 使用"段落"面板

操作步骤

步骤01　选择"文件"|"新建"命令，打开"新建文档"对话框。在对话框中选中"移动设备"选项卡，并在"空白文档预设"选项组中选中"iPhone 8/7/6 Plus"选项，输入新建文档的名称，然后单击"创建"按钮，如图10-36所示。

步骤02　选择"文件"|"置入嵌入对象"命令，置入所需的底纹图像，如图10-37所示。

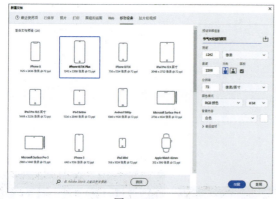

图10-36

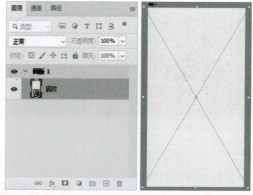

图10-37

步骤03　继续选择"文件"|"置入嵌入对象"命令，置入所需的图像文件，并在"图层"面板中设置"不透明度"为50%，如图10-38所示。

步骤04　在"图层"面板中，单击"添加图层蒙版"按钮，添加图层蒙版。选择"画笔"工具，在选项栏中设置画笔样式为400像素的柔边圆，"不透明度"数值为30%，然后使用"画笔"工具涂抹图层蒙版，如图10-39所示。

图10-38

图10-39

步骤 05　使用"横排文字"工具在画板中单击,在"属性"面板中设置字体样式为 Adobe Garamond Pro,字体大小为 48 点,字符间距为 4000,然后输入文字内容,如图 10-40 所示。

步骤 06　选择"矩形"工具,在选项栏中选择工具模式为"形状",设置"填充"为无,"描边"为黑色,描边粗细数值为 3 像素,再在画板中拖动绘制矩形。然后选择"文件"|"置入嵌入对象"命令,置入所需的书法字体图像,如图 10-41 所示。

图 10-40

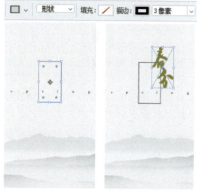
图 10-41

知识拓展

字符是指文本中的文字内容,包括每一个汉字、英文字母、数字、标点和符号等,字符属性就是与它们有关的字体、大小、颜色、字符间距等属性。在 Photoshop 中创建文本对象后,虽然可以在选项栏中设置一些文字属性,但并未包括所有的文字属性。选择任意一个文字工具,单击选项栏中的"切换字符和段落面板"按钮,或者选择"窗口"|"字符"命令,或者选择"窗口"|"属性"命令,可以打开"字符"面板,如图 10-42 所示。在"字符"面板中,除了能对常见的字体系列、字体样式、字体大小、文本颜色和消除锯齿的方法等进行设置,还可以对行距、字距等字符属性进行设置。

- "设置字体系列":在该下拉列表中可以选择字体,如图 10-43 所示。

图 10-42

(a) 方正粗圆简体　　(b) 方正启体简体
图 10-43

- "设置字体大小"下拉列表:该下拉列表用于设置文字的字符大小。
- "设置行距"下拉列表:该下拉列表用于设置文本对象中两行文字之间的间隔距离,如图 10-44 所示。设置"设置行距"选项的数值时,用户可以通过其下拉列表框选择预设的数值,也可以在文本框中自定义数值,还可以选择下拉列表框中的"自动"选项,根据创建文本对象的字体大小自动设置适当的行距数值。
- "设置两个字符之间的字距微调"选项:该选项用于微调光标位置前文字本身的间距,如图 10-45 所示。与"设置所选字符的字距调整"选项不同的是,该选项只能设置光标位置前的文字字距。用户可以在其下拉列表框中选择 Photoshop 预设的参数数值,也可以在其文本框中直接输入所需的参数数值。需要注意的是,该选项只能在没有选择文字的情况下为可设置状态。

(a) 行距：36 点　　(b) 行距：72 点　　(a) 字距微调：0　　(b) 字距微调：-500

图 10-44　　　　　　　　　　　　　　图 10-45

- "设置所选字符的字距调整"选项：该选项用于设置所选字符之间的距离，如图 10-46 所示。用户可以在其下拉列表框中选择 Photoshop 预设的参数数值，也可以在其文本框中直接输入所需的参数数值。
- "设置所选字符的比例间距"选项：该选项用于设置文字字符间的比例间距，数值越大，字距越小，如图 10-47 所示。

(a) 字距调整：-300　　(b) 字距调整：200　　(a) 比例间距：10%　　(b) 比例间距：60%

图 10-46　　　　　　　　　　　　　　图 10-47

- "垂直缩放"文本框和"水平缩放"文本框：这两个文本框用于设置文字的垂直和水平缩放比例，如图 10-48 所示。
- "设置基线偏移"文本框：该文本框用于设置选择文字的向上或向下偏移数值，如图 10-49 所示。设置该选项参数后，不会影响整体文本对象的排列方向。

 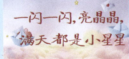  

(a) 垂直缩放：150%　　(b) 水平缩放：150%　　(a) 基线偏移：30　　(b) 基线偏移：-30

图 10-48　　　　　　　　　　　　　　图 10-49

- "字符样式"选项组：在该选项组中，通过单击不同的文字样式按钮，可以设置文字为仿粗体、仿斜体、全部大写字母、小型大写字母、上标、下标、下画线、删除线等样式的文字，如图 10-50 所示。

 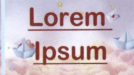 

(a) 仿斜体　　(b) 全部大写字母　　(c) 下画线　　(d) 删除线

图 10-50

步骤 07 使用"横排文字"工具在画板中单击，在"属性"面板中设置字体样式为 Adobe Garamond Pro，字体大小为 80 点，行距为 72 点，字符间距为 50，字体颜色为 R:183 G:144 B:69，然后输入文字内容。按 Ctrl+T 键应用"自由变换"命令，旋转文字内容的角度，如图 10-51 所示。

图 10-51

步骤 08 选择"矩形"工具,在选项栏中设置描边粗细数值为 1 像素,然后在画板中拖动绘制矩形,如图 10-52 所示。

步骤 09 按 Ctrl+J 键复制刚创建的矩形图层,按 Ctrl+T 键应用"自由变换"命令,缩小矩形形状,并在"属性"面板中设置"填色"为黑色,如图 10-53 所示。

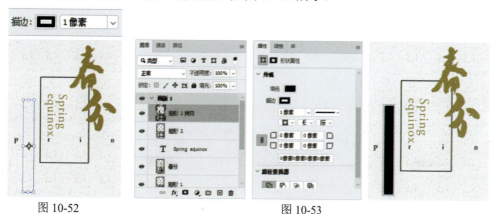

图 10-52　　　　　　　　　　图 10-53

步骤 10 选择"直排文字"工具,在上一步创建的矩形中单击,在"属性"面板中设置字体样式为"方正仿宋简体",字体大小为 50 点,行距为 72 点,基线偏移为 -8 点,字体颜色为白色,然后输入文字内容,如图 10-54 所示。

步骤 11 选择"文件"|"置入嵌入对象"命令,分别置入所需的装饰图像文件,如图 10-55 所示。

图 10-54　　　　　　　　　　图 10-55

步骤 12 使用"横排文字"工具在画板中单击,在"属性"面板中设置字体样式为"方正大标宋简体",字体大小为 45 点,字体颜色为黑色,然后输入文字内容,如图 10-56 所示。

步骤 13 继续使用"横排文字"工具在画板中单击,在"属性"面板中设置字体样式为"微软雅黑",字体大小为 30 点,然后输入文字内容,如图 10-57 所示。

图 10-56　　　　　　　　　　图 10-57

步骤 14 继续使用"横排文字"工具在画板中单击,在"属性"面板中设置字体样式为"微软雅黑",字体大小为 16 点,字符间距为 40,然后输入文字内容,如图 10-58 所示。

步骤 15 继续使用"横排文字"工具在画板中单击,在"属性"面板中设置字体样式为"微软雅黑",字体大小为 30 点,字符间距为 100,然后输入文字内容,如图 10-59 所示。

图 10-58　　　　　　　　　　图 10-59

步骤 16 选择"矩形"工具,在"属性"面板中设置"填色"为无,"描边"为黑色,描边粗细为 2 像素,圆角半径数值为 10 像素,然后使用"矩形"工具拖动绘制圆角矩形,如图 10-60 所示。

步骤 17 选择"移动"工具,在"图层"面板中选中步骤(12)至步骤(16)创建的图层,在选项栏中单击"水平居中对齐"按钮,效果如图 10-61 所示,完成有关节气的闪屏页制作。

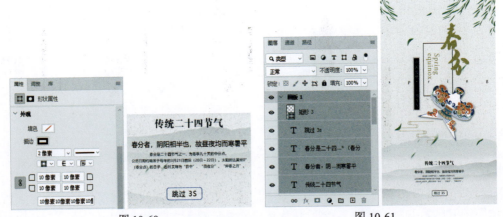

图 10-60　　　　　　　　　　图 10-61

知识拓展

"段落"面板用于设置段落文本的编排方式，如设置段落文本的对齐方式、缩进值等。单击选项栏中的"切换字符和段落面板"按钮，或者选择"窗口"|"段落"命令，或者选择"窗口"|"属性"命令，都可以打开"段落"面板，通过设置选项即可设置段落文本属性，如图10-62所示。

- "左对齐文本"按钮 ：单击该按钮，创建的文字会以整个文本对象的左边为界，强制进行左对齐，如图10-63所示。"左对齐文本"按钮为段落文本的默认对齐方式。
- "居中对齐文本"按钮 ：单击该按钮，创建的文字会以整个文本对象的中心线为界，强制进行文本居中对齐，如图10-64所示。
- "右对齐文本"按钮 ：单击该按钮，创建的文字会以整个文本对象的右边为界，强制进行文本右对齐，如图10-65所示。

图10-62

图10-63

图10-64

图10-65

- "最后一行左对齐"按钮 ：单击该按钮，段落文本中的文本对象会以整个文本对象的左右两边为界强制对齐，同时将处于段落文本最后一行的文本以其左边为界进行强制左对齐，如图10-66所示。该按钮为段落对齐时较常使用的对齐方式。
- "最后一行居中对齐"按钮 ：单击该按钮，段落文本中的文本对象会以整个文本对象的左右两边为界强制对齐，同时将处于段落文本最后一行的文本以其中心线为界进行强制居中对齐，如图10-67所示。
- "最后一行右对齐"按钮 ：单击该按钮，段落文本中的文本对象会以整个文本对象的左右两边为界强制对齐，同时将处于段落文本最后一行的文本以其右边为界进行强制右对齐，如图10-68所示。

图10-66

图10-67

图10-68

- "全部对齐"按钮 ：单击该按钮，段落文本中的文本对象会以整个文本对象的左右两边为界，强制对齐段落中的所有文本对象，如图10-69所示。
- "左缩进"文本框 ：用于设置段落文本中，每行文本两端与文字定界框左边界向右的间隔距离，或上边界（对于直排格式的文字）向下的间隔距离，如图10-70所示。
- "右缩进"文本框 ：用于设置段落文本中，每行文本两端与文字定界框右边界向左的间隔距离，或下边界（对于直排格式的文字）向上的间隔距离，如图10-71所示。

图10-69

图10-70

图10-71

- "首行缩进"文本框：用于设置段落文本中，第一行文本与文字定界框左边界向右的间隔距离，或上边界（对于直排格式的文字）向下的间隔距离，如图10-72所示。
- "段前添加空格"文本框：该文本框用于设置当前段落与其前面段落的间隔距离，如图10-73所示。
- "段后添加空格"文本框：该文本框用于设置当前段落与其后面段落的间隔距离，如图10-74所示。

图 10-72　　　　　　　图 10-73　　　　　　　图 10-74

- "避头尾设置"下拉列表：不能出现在一行的开头或结尾的字符称为避头尾字符。"避头尾设置"用于指定亚洲文本的换行方式。
- "标点挤压"下拉列表：用于为文本编排指定预定义的间距组合。
- "连字"复选框：选中该复选框，会在输入英文单词的过程中，根据文字定界框自动换行时添加连字符。

课堂案例 7　栅格化文字制作文字彩旗

文字是比较特殊的对象，不能对文字对象使用描绘工具或"滤镜"菜单中的命令等。要想使用这些工具和命令，必须先栅格化文字对象。在"图层"面板中选择所需操作的文本图层，然后选择"图层"|"栅格化"|"文字"命令，即可转换文本图层为普通图层。用户也可在"图层"面板中所需操作的文本图层上右击，在打开的快捷菜单中选择"栅格化文字"命令。接着可以在文字图层上进行局部的删除、绘制等操作。

案例要点

- 栅格化文字

操作步骤

步骤 01　打开一幅素材图像，如图10-75所示。选择"横排文字"工具，在"属性"面板中设置合适的字体、字号和颜色，设置完成后在人物素材右侧单击并输入文字，如图10-76所示。

 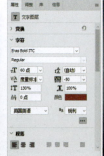 

图 10-75　　　　　　　　　　　　　　　图 10-76

第 10 章 文字编辑与应用

步骤 02 在"图层"面板中，将文字图层选中并右击，在弹出的快捷菜单中选择"栅格化文字"命令，将文字图层进行栅格化处理，如图 10-77 所示。

步骤 03 对栅格化文字进行变形。选中文字图层，按 Ctrl+T 键调出定界框，右击鼠标，在弹出的快捷菜单中选择"变形"命令，然后调整文字外观，如图 10-78 所示。

图 10-77　　　　　　　　　　　　　　图 10-78

提示内容

在制作艺术字效果时，经常需要对文字进行变形。利用 Photoshop 提供的"创建文字变形"功能，可以多种方式进行文字的变形。选中文字图层，在选项栏中单击"创建文字变形"按钮，打开如图 10-79 所示的"变形文字"对话框。

在该对话框中的"样式"下拉列表中选择一种变形样式即可设置文字的变形效果，如图 10-80 所示。然后分别设置文本扭曲的方向以及"弯曲""水平扭曲""垂直扭曲"等参数，单击"确定"按钮，即可完成文字的变形。

图 10-79　　　　　　　　　　　　　　图 10-80

- "水平"和"垂直"单选按钮：选择"水平"单选按钮，可以将变形效果设置为水平方向；选择"垂直"单选按钮，可以将变形效果设置为垂直方向，如图 10-81 所示。
- "弯曲"：可以调整对图层应用的变形程度，如图 10-82 所示。

(a) 水平　　　　　(b) 垂直　　　　　(a) 弯曲：-70　　　　(b) 弯曲：70

图 10-81　　　　　　　　　　　　　　图 10-82

- "水平扭曲"和"垂直扭曲":拖动"水平扭曲"和"垂直扭曲"的滑块,或输入数值,可以变形应用透视,如图 10-83 所示。

(a) 水平扭曲:-50　　(b) 水平扭曲:50　　(c) 垂直扭曲:-50　　(d) 垂直扭曲:50

图 10-83

步骤 04　在变形文字上方添加亮部和暗部,增加文字的立体感。首先制作暗部,新建一个图层,接着选择"画笔"工具,在选项栏中设置大小合适的柔边圆画笔,降低画笔的不透明度,设置前景色为黑色。设置完成后,在变形文字上方按文字的走向涂抹出暗部区域,如图 10-84 所示。

图 10-84

步骤 05　将刚创建的图层选中并右击,在弹出的快捷菜单中选择"创建剪贴蒙版"命令,只保留文字内部的暗部区域,如图 10-85 所示。使用同样的方法制作亮部,如图 10-86 所示。

图 10-85　　　　　　　　　　　　　图 10-86

提示内容

使用"横排文字"工具和"直排文字"工具创建的文本,在没有将其栅格化或者转换为形状前,可以随时重置与取消变形。选择一个文字工具,单击选项栏中的"创建文字变形"按钮,或选择"文字"|"文字变形"命令,可以打开"变形文字"对话框,修改变形参数,或在"样式"下拉列表中选择另一种样式。要取消文字变形,在"变形文字"对话框的"样式"下拉列表中选择"无"选项,然后单击"确定"按钮关闭对话框,即可将文字恢复为变形前的样式。

课堂案例 8　将文字转换为形状制作艺术字

"转换为形状"命令可以将文字对象转换为矢量的形状图层。转换为形状图层后，就可以使用形状工具对文字的外形进行编辑。通常在制作一些变形艺术字的时候，需要将文字对象转换为形状图层。

案例要点

- 使用"转换为形状"命令

操作步骤

步骤 01　打开一幅图像文件，在"图层"面板中，选择文字图层。按 Ctrl+J 键复制文字图层，关闭原图层视图，然后在复制的文字图层名称上右击，在弹出的快捷菜中选择"转换为形状"命令，或选择菜单栏中的"文字"|"转换为形状"命令，将文字图层转换为形状图层，如图 10-87 所示。

图 10-87

步骤 02　使用"直接选择"工具调整文字形状锚点位置，然后在"图层"面板中单击"添加图层蒙版"按钮添加图层蒙版，如图 10-88 所示。

步骤 03　选择"渐变"工具，在选项栏中选择"经典渐变"，并设置"前景色到透明的渐变"，然后使用"渐变"工具在图层蒙版中拖动创建蒙版效果，如图 10-89 所示。

图 10-88　　　　　　　　　　　　　　图 10-89

步骤 04　选择"滤镜"|"像素画"|"铜版雕刻"命令，打开"铜版雕刻"对话框。在对话框中设置"类型"为"长描边"，然后单击"确定"按钮，如图 10-90 所示。

步骤 05　选择"文件"|"置入嵌入对象"命令，置入所需的素材图像。然后在"图层"面板中，右击图像图层，在弹出的快捷菜单中选择"创建剪贴蒙版"命令，完成效果如图 10-91 所示。

图 10-90　　　　　　　　　　　　　　　图 10-91

课堂案例 9　创建文字路径制作霓虹字

想要获取文字对象的路径，可以选中文字图层，选择"文字"|"创建工作路径"命令，或在图层名称上右击，在弹出的快捷菜单中选择"创建工作路径"命令，即可基于文字创建工作路径，原文字属性保持不变。得到文字路径后，可以对路径进行填充、描边，或创建矢量蒙版等操作。

案例要点

- 创建工作路径
- 路径描边

操作步骤

步骤 01　选择"文件"|"打开"命令，打开指甲油素材图像文件。选择"选择"|"主体"命令，选中图像文件中的产品部分，如图 10-92 所示。

步骤 02　选择"多边形套索"工具，在选项栏中单击"添加到选区"按钮，在图像下部添加选区。然后再选择"选择"|"反选"命令，选中图像上部区域，如图 10-93 所示。

图 10-92　　　　　　　　　　　　　　　图 10-93

步骤 03　保持选区的选取状态，在"图层"面板中，单击"创建新图层"按钮，新建"图层 1"。选择"渐变"工具，在工具选项栏中单击"方向渐变"按钮，再单击渐变预览，在弹出的"渐变编辑器"对话框中设置渐变填充为 R:221　G:169　B:232 至 R:176　G:130　B:203。然后使用"渐变"工具在图像左上角单击并按住鼠标左键向右下角拖曳，释放鼠标左键，即可填充选区，如图 10-94 所示。

步骤 04　按 Ctrl+D 键，取消选区。选择"横排文字"工具在画板中拖曳创建文本框，然后输入文字内容。输入结束后，按 Ctrl+Enter 键确认。在"字符"面板中，设置字体系列为 Arial Rounded MT Bold，字体大小为 150 点，行距为 150 点，字符间距为 -300，字符比例间距为 50%，水平缩放为 80%，如图 10-95 所示。

图 10-94

图 10-95

步骤 05 在"图层"面板中，右击刚创建的文字图层，在弹出的快捷菜单中选择"创建工作路径"命令，并关闭文字图层的视图，如图 10-96 所示。

步骤 06 在"图层"面板中，单击"创建新图层"按钮，新建"图层 2"。将前景色设置为 R:135 G:74 B:148，选择"画笔"工具，在选项栏中设置画笔样式为柔边圆 50 像素，如图 10-97 所示。

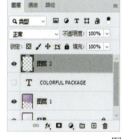

图 10-96　　　　　　　　图 10-97

步骤 07 在"路径"面板中，按 Alt 键单击"用画笔描边路径"按钮，在弹出的"描边路径"对话框中，取消选中"模拟压力"复选框，然后单击"确定"按钮描边路径，如图 10-98 所示。

步骤 08 在"路径"面板的空白处单击，取消选中工作路径。再在"图层"面板中，设置"图层 2"的"填充"为 40%，如图 10-99 所示。

图 10-98

图 10-99

步骤 09 在"图层"面板中,单击"创建新图层"按钮,新建"图层3"。将前景色设置为白色,在选项栏中设置画笔样式为柔边圆300像素,"不透明度"为50%。使用"画笔"工具在图像中添加修饰效果,并设置"图层3"混合模式为"变亮",如图10-100所示。

步骤 10 在"图层"面板中,单击"创建新图层"按钮,新建"图层4"。将前景色设置为白色,选择"画笔"工具,在选项栏中设置画笔样式为硬边圆30像素,"不透明度"为100%。然后在"路径"面板中,选中"工作路径",单击"用画笔描边路径"按钮即可描边路径,如图10-101所示。

图10-100　　　　　　　　　图10-101

步骤 11 在"图层"面板中双击"图层4",打开"图层样式"对话框。在对话框中,选中"投影"选项,设置"混合模式"为"颜色加深",投影颜色为黑色,"不透明度"为60%,取消选中"使用全局光"复选框,"角度"为121度,"距离"为40像素,"扩展"为4%,"大小"为73像素,如图10-102所示。

步骤 12 在"图层样式"对话框中,选中"外发光"选项,设置"混合模式"为"强光","不透明度"为67%,发光颜色为R:254 G:103 B:220,"扩展"为5%,"大小"为46像素,如图10-103所示。

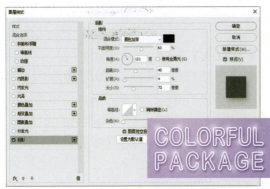 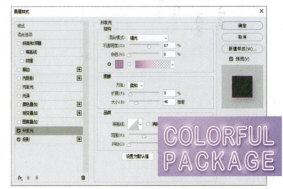

图10-102　　　　　　　　　图10-103

步骤 13 在"图层样式"对话框中,选中"内阴影"选项,设置"混合模式"为"正片叠底",内阴影颜色为R:227 G:125 B:208,"不透明度"为75%,"角度"为90度,"距离"为10像素,"大小"为6像素,然后单击"确定"按钮应用图层样式,如图10-104所示。再选择"移动"工具,调整"图层4"中文字图像的位置,如图10-105所示。

步骤 14 在"图层"面板中,选中"图层1"。选择"矩形"工具,在选项栏中选择工具模式为"形状",单击"填充"选项下拉面板。在下拉面板中,单击"渐变"按钮,设置渐变色为R:186 G:110 B:207至R:167 G:96 B:197,旋转渐变为0。然后使用"矩形"工具在画板中拖动绘制矩形条,如图10-106所示。

步骤 15 在"图层"面板中,双击形状图层,打开"图层样式"对话框。在对话框中,选中"投影"选项,设置"混合模式"为"正片叠底",颜色为 R:146 G:69 B:202,"不透明度"为 50%,"距离"为 70 像素,"扩展"为 4%,"大小"为 46 像素,然后单击"确定"按钮,如图 10-107 所示。

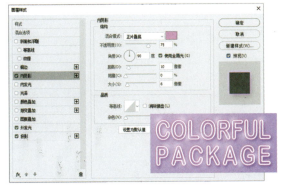

图 10-104

图 10-105

图 10-106

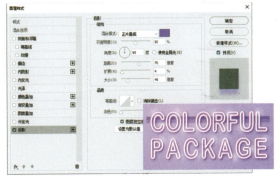

图 10-107

步骤 16 按 Ctrl+J 键复制刚创建的形状图层,并使用"移动"工具调整形状图层位置,如图 10-108 所示。

步骤 17 选择"横排文字"工具,在画板中单击并添加占位符文字。然后在"字符"面板中,设置字体系列为 Arial Rounded MT Bold,字体大小为 55 点,字体颜色为 R:254 G:255 B:191,如图 10-109 所示。

图 10-108

图 10-109

步骤 18 在"图层"面板中,双击刚创建的文字图层,打开"图层样式"对话框。在对话框中,选中"投影"选项,设置"混合模式"为"颜色加深",投影颜色为黑色,"不透明度"为

45%，取消选中"使用全局光"复选框，"角度"为120度，"距离"为45像素，"扩展"为0%，"大小"为40像素，如图10-110所示。

步骤 19 在"图层样式"对话框中，选中"外发光"选项，设置"混合模式"为"强光"，"不透明度"为80%，发光颜色为 R:255 G:210 B:102，"扩展"为0%，"大小"为30像素，然后单击"确定"按钮应用图层样式，完成效果如图10-111所示。

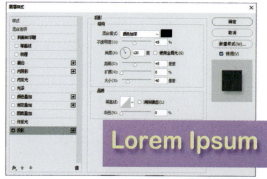

图 10-110　　　　　　　　　　　图 10-111

第11章 使用滤镜制作特效

滤镜主要用来实现图像的各种特殊效果。在 Photoshop 中有数十种滤镜，根据滤镜产生的效果不同可以分为独立滤镜、校正滤镜、变形滤镜、效果滤镜和其他滤镜。通过应用不同的滤镜可以制作出丰富多彩的图像效果。

课堂案例1　使用滤镜库制作手绘效果

Photoshop 中的滤镜功能可以为图像添加一些特殊效果。Photoshop 中的滤镜集中在"滤镜"菜单中，在菜单列表中可以看到多种滤镜；选择"滤镜库"命令，可以打开一个整合了多组常用滤镜命令的集合库，用户可直接从其中选择合适的滤镜效果。虽然滤镜效果风格迥异，但使用方法非常相似。在滤镜库中不仅可以累积应用多个滤镜或多次应用单个滤镜，还可以重新排列滤镜或更改已应用的滤镜设置，制作多种滤镜混合的效果。

案例要点
- 使用"滤镜库"
- "艺术效果"滤镜组
- "画笔描边"滤镜组

操作步骤

步骤01 打开一幅素材图像，并按 Ctrl+J 键复制"背景"图层。选择"滤镜"|"滤镜库"命令，打开"滤镜库"对话框。在对话框中，选中"画笔描边"滤镜组中的"喷溅"滤镜，设置"喷色半径"为7，"平滑度"为5，如图11-1所示。

步骤02 在"滤镜库"对话框中，单击"新建效果图层"按钮。选择"艺术效果"滤镜组中的"绘画涂抹"滤镜，设置"画笔大小"为3，"锐化程度"为1，在"画笔类型"下拉列表中选择"简单"选项，如图11-2所示。

图 11-1

图 11-2

提示内容

"画笔描边"滤镜组下的命令可以模拟出不同画笔或油墨笔刷勾画图像的效果,使图像产生各种绘画效果。"画笔描边"滤镜组中的"喷溅"滤镜可以使图像产生笔墨喷溅的艺术效果。在相应的对话框中可以设置喷溅的范围、喷溅效果的轻重程度。

"艺术效果"滤镜组可以将图像变为传统介质上的绘画效果,利用该滤镜组中的滤镜可以使图像产生不同风格的艺术效果。"艺术效果"滤镜组中的"绘画涂抹"滤镜可以使用"简单""未处理光照""宽锐化""宽模糊"和"火花"等软件预设的不同类型的画笔样式创建绘画效果。

步骤 03 在"滤镜库"对话框中,单击"新建效果图层"按钮。选择"纹理"滤镜组中的"纹理化"滤镜,在"纹理"下拉列表中选择"画布"选项,"缩放"为90%,"凸现"为8,如图11-3所示。设置完成后,单击"确定"按钮关闭"滤镜库"对话框。最终效果如图11-4所示。

图 11-3

图 11-4

知识拓展

"纹理"滤镜组中包含了6种滤镜,使用这些滤镜可以模拟具有深度感或物质感的外观。"纹理"滤镜组中的"纹理化"滤镜可以生成各种纹理,在图像中添加纹理质感,可选择的纹理包括砖形、粗麻布、画布和砂岩,也可以载入一个PSD格式的文件作为纹理文件。

- "缩放"文本框:用于调整纹理的尺寸大小。该值越大,纹理效果越明显。
- "凸现"文本框:用于调整纹理的深度。该值越大,图像的纹理深度越深。
- "光照"下拉列表:提供了8种方向的光照效果。

课堂案例2 校正照片的透视问题

"镜头校正"滤镜用于修复常见的镜头缺陷,如桶形失真、枕形失真、色差以及晕影等,也可以用来旋转图像,或修复由于相机垂直或水平倾斜而导致的图像透视现象。在进行变换和变形操作时,该滤镜比"变换"命令更为有用。同时,该滤镜提供的网格可以使调整更为轻松、精确。

案例要点

- 使用"镜头校正"滤镜

操作步骤

步骤 01 打开一幅素材图像,选择"滤镜"|"镜头校正"命令,或按Shift+Ctrl+R键,可以打开"镜头校正"对话框,如图11-5所示。对话框左侧是该滤镜的使用工具,中间是预览和操作窗口,右侧是参数设置区。

第 11 章　使用滤镜制作特效

图 11-5

> **提示内容**
> - "移去扭曲"工具：可以校正镜头桶形或枕形扭曲。选择该工具后，将光标放在画面中，单击并向画面边缘拖动鼠标可以校正桶形失真；向画面的中心拖动鼠标可以校正枕形失真。
> - "拉直"工具：可以校正倾斜的图像，或者对图像的角度进行调整。选择该工具后，在图像中单击并拖动一条直线，放开鼠标后，图像会以该直线为基准进行角度的校正。
> - "移动网格"工具：用来移动网格，以便使它与图像对齐。
> - "抓手"工具／"缩放"工具：用于移动画面和缩放预览窗口的显示比例。
> - "显示网格"复选框：选中该复选框后，可以在画面中显示网格，通过网格线可以更好地判断所需的校正参数。在"大小"数值框中可以调整网格间距；单击"颜色"选项右侧色板，可打开"拾色器"对话框修改网格颜色。

步骤 02 在"自动校正"选项卡中，可以解决拍摄照片时，由于相机设备原因产生的问题。在"搜索条件"选项组中手动设置相机制造商、相机型号和镜头类型。指定选项后，Photoshop 会给出与之匹配的镜头配置文件。在"镜头配置文件"选项中选择与相机和镜头匹配的配置文件。然后在"校正"选项组中选择要校正的缺陷，包括几何扭曲、色差和晕影。如果校正后导致图像超出了原始尺寸，可选中"自动缩放图像"复选框，或在"边缘"下拉列表中指定如何处理出现的空白区域。选择"边缘扩展"选项，可以扩展图像的边缘像素来填充空白区域；选择"透明度"选项，可以使空白区域保持透明；选择"黑色"和"白色"选项，则可以使用黑色或白色填充空白区域，如图 11-6 所示。

图 11-6

步骤 03　选择"自定"选项卡,可以手动校正镜头造成的扭曲、透视、色差、晕影效果,如图 11-7 所示。

图 11-7

> 提示内容
> - "几何扭曲"选项组中的"移去扭曲"选项主要用来校正镜头的桶形失真或枕形失真。数值为正时,图像将向外扭曲;数值为负时,图像将向中心扭曲。"几何扭曲"选项组如图 11-8 所示。
> - "色差"选项组用于校正色边。在进行校正时,放大预览窗口的图像,可以清楚地查看色边校正情况。"色差"选项组如图 11-9 所示。
>
> 　　　　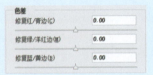
>
> 　　图 11-8　　　　　　　　　图 11-9
>
> - "晕影"选项组(如图 11-10 所示)用来校正由于镜头缺陷或镜头遮光处理不正确而导致边缘较暗的图像。在"数量"选项中可以设置沿图像边缘变亮或变暗的程度。在"中点"选项中可以指定受"数量"滑块影响的区域的宽度,如果指定较小的数,会影响较多的图像区域;如果指定较大的数,则只会影响图像的边缘。
> - "变换"选项组中提供了用于校正图像透视和旋转角度的控制选项,如图 11-11 所示。"垂直透视"用来校正由于相机向上或向下倾斜而导致的图像透视,使图像中的垂直线平行。"水平透视"也用来校正由于相机原因导致的图像透视,与"垂直透视"不同的是,它可以使水平线平行。"角度"可以旋转图像以针对相机歪斜加以校正,或者在校正透视后进行调整。它与"拉直"工具的作用相同。
>
> 　　　　
>
> 　　图 11-10　　　　　　　　图 11-11

课堂案例 3　使用"液化"滤镜制作塑料膜效果

"液化"滤镜主要用于制作图像的变形效果,常用于改变图形的形态或修饰人像面部及身形。"液化"命令的使用方法比较简单,但功能相当强大,可以创建推、拉、旋转、扭曲和收缩等变形效果。

第 11 章　使用滤镜制作特效

案例要点

● 使用"液化"命令

操作步骤

步骤 01　打开一幅素材图像,在"图层"面板中单击"创建新图层"按钮新建图层,并按 Alt+Delete 键填充黑色,如图 11-12 所示。

图 11-12

步骤 02　选择"滤镜"|"渲染"|"分层云彩"命令应用滤镜,然后按 Ctrl+T 键调出定界框,拖动锚点适当放大图像,如图 11-13 所示。

步骤 03　选择"滤镜"|"液化"命令,打开"液化"对话框,然后使用"向前变形"工具随意涂抹,做出纹理效果,如图 11-14 所示。

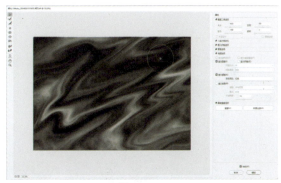

图 11-13　　　　　　　　　　　　　　图 11-14

提示内容

　　"液化"对话框右侧区域为属性设置区域,其中"画笔工具选项"选项组用于设置工具大小、压力等参数;"人脸识别液化"选项组用于针对五官及面部轮廓的各个部分进行设置;"载入网格选项"用于将当前液化变形操作以网格的形式进行存储,或者调用之前存储的液化网格;"蒙版选项"用于进行蒙版的显示、隐藏以及反相等的设置;"视图选项"用于设置当前画面的显示方式;"画笔重建选项"用于将图层恢复到之前效果。

步骤 04　选择"滤镜"|"滤镜库"命令,打开"滤镜库"对话框。选择"艺术效果"滤镜组中的"绘画涂抹"滤镜,设置"画笔大小"为 8,"锐化程度"为 0,如图 11-15 所示。

步骤 05　在对话框中,单击底部的"新建效果图层"按钮,然后选择"素描"滤镜组中的"铬黄渐变"滤镜,设置"细节"为 0,"平滑度"为 10,然后单击"确定"按钮,如图 11-16 所示。

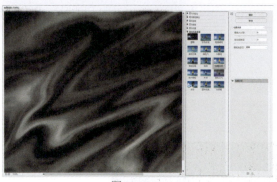
图 11-15

图 11-16

步骤 06 按 Ctrl+L 键，打开"色阶"对话框，调整输入色阶滑块，使画面黑白对比效果更加明显，如图 11-17 所示。

图 11-17

步骤 07 按 Ctrl+Alt+2 键调出图像高光区域，按 Ctrl+J 键复制高光区域，然后在"图层"面板中设置"混合模式"为"强光"，再关闭原图层，如图 11-18 所示。

图 11-18

步骤 08 选择"文件"|"置入嵌入对象"命令，置入文字素材，完成效果如图 11-19 所示。

图 11-19

提示内容

"铬黄渐变"滤镜可以渲染图像，创建金属质感的效果。应用该滤镜后，可以使用"色阶"命令增加图像的对比度，使金属效果更加强烈。

课堂案例 4　制作压路文字效果

"消失点"滤镜的作用是帮助用户对含有透视平面的图像进行透视调节和编辑。使用"消失点"工具，先选定图像中的平面，然后在透视平面的指导下，运用绘画、克隆、复制或粘贴以及变换等编辑工具对图像中的内容进行修饰、添加或移动，使其最终效果更加逼真。

案例要点

● 使用"消失点"命令

操作步骤

步骤 01 打开一幅素材图像，使用"直排文字"工具在图像中输入文字内容，并在"属性"面板中设置字体系列为"方正超粗黑简体"，字体大小为 100 点，字符间距为 20，字体颜色为白色，如图 11-20 所示。

图 11-20

步骤 02 在"图层"面板中，按 Ctrl 键单击文字图层缩览图，载入选区，并按 Ctrl+C 键复制，如图 11-21 所示。按 Ctrl+D 键取消选区，在"图层"面板中隐藏文字图层，然后单击"创建新图层"按钮新建"图层 1"空白图层，如图 11-22 所示。

图 11-21　　　　　　　　　　图 11-22

步骤 03 选择"滤镜"|"消失点"命令，打开"消失点"对话框，使用"网格"工具沿路面透视绘制网格，如图 11-23 所示。

步骤 04 按 Ctrl+V 键粘贴文字，将文字拖入透视网格中，按 Ctrl+T 键调整文字的大小和位置，然后单击"确定"按钮，如图 11-24 所示。

图 11-23

图 11-24

步骤 05 双击"图层 1"图层，打开"图层样式"对话框。在对话框的"混合选项"中，按 Alt 键拖曳"下一图层"左侧黑色滑块的右半部分至中心位置，再将左半部分适当向右拖曳，然后单击"确定"按钮，完成效果如图 11-25 所示。

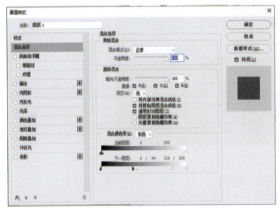

图 11-25

课堂案例 5　制作水波倒影效果

在拍摄的照片中，倒影与景物的相映成趣，会为照片增色不少。在 Photoshop 中，可以结合滤镜添加逼真的倒影效果。

案例要点

- "浮雕效果"滤镜
- "置换"滤镜

操作步骤

步骤 01 打开一幅素材图像，在"图层"面板中，按 Alt 键双击"背景"图层，将图层转换为普通图层，然后选择"裁剪"工具，将定界框范围向下拉，增加画布大小，如图 11-26 所示。

步骤 02 使用"矩形选框"工具框选图像中不需要的部分，按 Delete 键将选取内容删除，如图 11-27 所示。

206

图 11-26　　　　　　　　　　　　　图 11-27

步骤 03　按 Ctrl+J 键复制"背景"图层，按 Ctrl+T 键调出定界框，单击浮动工具栏中的"垂直翻转"按钮 翻转图像，并将其移至画布下方，如图 11-28 所示。

步骤 04　在"图层"面板中，单击"创建新图层"按钮新建空白图层，按 Alt+Delete 键填充黑色，如图 11-29 所示。

图 11-28　　　　　　　　　　　　　图 11-29

步骤 05　选择"滤镜"|"杂色"|"添加杂色"命令，打开"添加杂色"对话框。在对话框中，将"数量"设置为最大，并选中"单色"复选框，然后单击"确定"按钮，如图 11-30 所示。

步骤 06　选择"滤镜"|"模糊"|"高斯模糊"命令，打开"高斯模糊"对话框。在对话框中，设置"半径"为 2 像素，然后单击"确定"按钮，如图 11-31 所示。

步骤 07　打开"通道"面板，选择"红"通道，选择"滤镜"|"风格化"|"浮雕效果"命令，打开"浮雕效果"对话框。在对话框中，设置"角度"为 180 度，"高度"为 2 像素，"数量"为 280%，然后单击"确定"按钮，如图 11-32 所示。

图 11-30　　　　　图 11-31　　　　　图 11-32

207

提示内容

"高斯模糊"滤镜应用十分广泛，如制作景深效果、投影效果等，是"模糊"滤镜组中使用率最高的滤镜之一。其工作原理是在图像中添加低频细节，使图像产生一种朦胧的模糊效果。打开一幅图像文件，选择"滤镜"|"模糊"|"高斯模糊"命令，在打开的"高斯模糊"对话框中设置合适的参数，然后单击"确定"按钮。"高斯模糊"对话框中的"半径"值用于设置模糊的范围，它以像素为单位，数值越高，模糊效果越强烈。

步骤 08 在"通道"面板中，选择"绿"通道，选择"滤镜"|"风格化"|"浮雕效果"命令，打开"浮雕效果"对话框。在对话框中，将"角度"改为 90 度，然后单击"确定"按钮，如图 11-33 所示。

步骤 09 单击 RGB 通道，然后按 Ctrl+T 键调出定界框，拖动锚点，拉出透视效果，并放大图像，如图 11-34 所示。

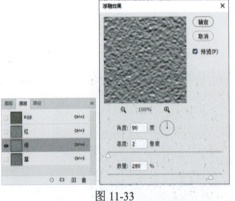

图 11-33　　　　　　　　　　　　　　图 11-34

提示内容

"浮雕效果"滤镜可以用来模拟金属雕刻的效果，该滤镜常用于制作硬币、金牌效果。打开一幅图像文件，选择"滤镜"|"风格化"|"浮雕效果"命令，在打开的"浮雕效果"对话框中进行参数设置。该滤镜的工作原理是通过勾勒图像或选区的轮廓和降低周围颜色值来生成凹陷或凸起的浮雕视觉效果。"浮雕效果"对话框中主要选项的作用如下。

- "角度"选项：用来设置照射浮雕的光线角度，它会影响浮雕的凸出位置。
- "高度"选项：用来设置浮雕效果凸起的高度。
- "数量"选项：用来设置浮雕滤镜的作用范围，该值越高边界越清晰，小于 40% 时，整个图像会变灰。

步骤 10 图像调整完成后，按 Ctrl+S 键，打开"存储为"对话框，设置"文件名"为"波纹"，"保存类型"为 *.PSD 格式，然后单击"保存"按钮，如图 11-35 所示。

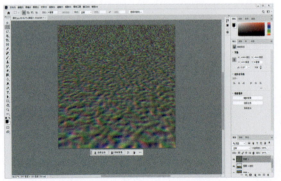

图 11-35

第 11 章　使用滤镜制作特效

　提示内容

　　"置换"滤镜可以指定一个图像，并使用该图像的颜色、形状和纹理等来确定当前图像中的扭曲方式，最终使两幅图像交错组合在一起，产生位移扭曲效果。这里的指定图像被称为置换图，而且置换图的格式必须是 PSD 格式。

步骤 11　在"图层"面板中，关闭当前图层视图，选择倒影图层，再按 Ctrl+J 键复制一层并载入选区，如图 11-36 所示。选择"滤镜"|"扭曲"|"置换"命令，打开"置换"对话框。在对话框中，设置"水平比例"为 40，"垂直比例"为 300，然后单击"确定"按钮，如图 11-37 所示。

　　　　图 11-36　　　　　　　　图 11-37

步骤 12　在弹出的"选择一个置换图"对话框中，选中之前保存的"波纹"文件，单击"打开"按钮，如图 11-38 所示。

步骤 13　在"图层"面板中，单击"添加图层蒙版"按钮添加图层蒙版，然后使用"画笔"工具在蒙版中涂抹，融合图像效果，如图 11-39 所示。

　　　图 11-38　　　　　　　　　　　图 11-39

课堂案例 6　制作放射线背景

　　在设计过程中，搜集素材是很重要的一个方面。如果我们在网上无法找到合适的素材，不妨自己做一个。本例介绍使用 Photoshop 快速完成放射线背景的制作方法。

案例要点

- "波浪"滤镜
- "极坐标"滤镜

操作步骤

步骤 01　打开一幅素材图像，在"图层"面板中，单击"创建新的填充或调整图层"按钮，在弹出的菜单中选择"渐变"命令，新建一个渐变填充图层，如图 11-40 所示。

步骤 02　选择"滤镜"|"扭曲"|"波浪"命令，打开"波浪"对话框。在对话框中，选中"方

形"单选按钮,将"波幅"滑块拖到最大,再拖动"波长"滑块调整线条疏密效果,然后单击"确定"按钮,如图11-41所示。

 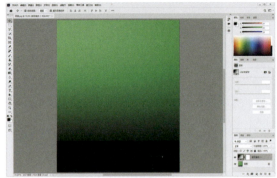

图11-40

步骤 03 选择"滤镜"|"扭曲"|"极坐标"命令,打开"极坐标"对话框。在对话框中,选中"平面坐标到极坐标"单选按钮,然后单击"确定"按钮,如图11-42所示。

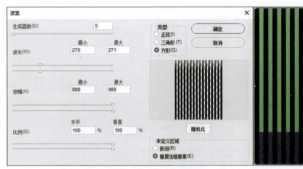 

图11-41　　　　　　　　　　　　　　　图11-42

 提示内容

"极坐标"滤镜可以将图像从平面坐标转换到极坐标,或将图像从极坐标转换为平面坐标,以生成扭曲图像的效果。简单来说,该滤镜可以实现以下两种效果:第一种是将图像左右两侧作为边界并首尾相连,中间的像素将会被挤压,四周的像素被拉伸,从而形成一个圆形;第二种则相反,将原本环形内容的图像从中切开,并拉伸成平面。

步骤 04 选择"滤镜"|"扭曲"|"旋转扭曲"命令,打开"旋转扭曲"对话框。在对话框中,设置"角度"为-160度,然后单击"确定"按钮,如图11-43所示。

步骤 05 在"图层"面板中,设置渐变填充图层的"混合模式"为"柔光",然后置入其他素材图像,完成效果如图11-44所示。

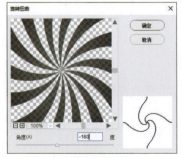   

图11-43　　　　　　　　　　　　　　　图11-44

第 11 章　使用滤镜制作特效

提示内容

"旋转扭曲"滤镜可以围绕图像的中心进行顺时针或逆时针的旋转。打开一幅图像文件，选择"滤镜"|"扭曲"|"旋转扭曲"命令，打开"旋转扭曲"对话框。在"旋转扭曲"对话框中设置"角度"为正值时，图像以顺时针旋转；设置"角度"为负值时，图像沿逆时针旋转。

课堂案例 7　制作丁达尔光效果

丁达尔光是一种独特的光线散射现象，它会在光线通过特定的反射、折射和散射过程后，形成一道明亮、发亮的光束。这种效果在摄影和设计中被广泛应用，以带来神秘和梦幻的视觉效果。一般的数码相机在拍摄时很难捕捉丁达尔光，本例介绍通过 Photoshop 中的滤镜结合"画笔"工具模拟丁达尔光效果。

案例要点

- "径向模糊"滤镜

操作步骤

步骤 01 打开一幅素材图像，选择"选择"|"色彩范围"命令，打开"色彩范围"对话框。在该对话框中，设置"选择"为"高光"，然后向左拖曳"颜色容差"滑块，设置"范围"为 190，单击"确定"按钮创建选区，如图 11-45 所示。

图 11-45

步骤 02 按 Ctrl+J 键复制图层，选择"滤镜"|"模糊"|"径向模糊"命令，打开"径向模糊"对话框。在该对话框中，向右拖曳"数量"滑块至最大，选中"缩放"单选按钮，然后适当调整光照位置，单击"确定"按钮，如图 11-46 所示。

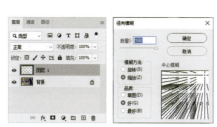

图 11-46

211

提示内容

"径向模糊"滤镜可以产生具有辐射性的模糊效果,模拟相机前后移动或旋转产生的模糊效果。在"径向模糊"对话框中的"模糊方法"选项组中选中"旋转"单选按钮时,产生旋转模糊效果;选中"缩放"单选按钮时,产生放射模糊效果,该模糊的图像从模糊中心处开始放大。"数量"文本框用于调节模糊效果的强度,数值越大,模糊效果越强。

步骤 03 再次应用"滤镜"|"模糊"|"径向模糊"命令,然后在"图层"面板中设置"混合模式"为"变亮",如图11-47所示。

步骤 04 单击"添加图层蒙版"按钮添加蒙版,选择"画笔"工具,设置柔边圆画笔样式,然后使用"画笔"工具在图像中涂抹,使画面更加自然,如图11-48所示。

图11-47　　　　　　　　　　　　　图11-48

课堂案例8　制作飞驰效果

"动感模糊"滤镜可以对图像像素进行线性位移操作,从而产生沿某一方向运动的模糊效果,使静态图像产生动态效果。"动感模糊"滤镜可以沿指定的方向,以指定的距离进行模糊,所产生的效果类似于在固定的曝光时间拍摄一个高速运动的对象。

案例要点

- "动感模糊"滤镜

操作步骤

步骤 01 打开一幅素材图像,并按Ctrl+J键复制"背景"图层。选择"磁性套索"工具,在选项栏中设置"羽化"为2像素,然后选取图像中的汽车部分,如图11-49所示。

图11-49

第 11 章 使用滤镜制作特效

步骤 02 按 Shift+Ctrl+I 键反选选区，选择"滤镜"|"模糊"|"动感模糊"命令，打开"动感模糊"对话框。在对话框中，设置"角度"为 0 度，"距离"为 160 像素，然后单击"确定"按钮，如图 11-50 所示。按 Ctrl+D 键取消选区。

图 11-50

课堂案例 9　制作星芒效果

为制作浪漫灯光效果，在拍摄点光源的画面时，很容易出现灯光的星芒效果。虽然通过数码相机的光圈控制，我们可以拍摄出带有星芒效果的灯光，但对于还不能熟练掌握光圈设置或不具备设备条件的新手而言，我们也可以利用 Photoshop 中的滤镜命令制作出星芒效果。

案例要点

- "动感模糊"滤镜

操作步骤

步骤 01 打开一幅素材图像，并按 Ctrl+J 键两次复制"背景"图层，如图 11-51 所示。选择"滤镜"|"模糊"|"动感模糊"命令，打开"动感模糊"对话框。在对话框中，设置"角度"为 45 度，"距离"为 60 像素，然后单击"确定"按钮，并设置"图层 1 拷贝"图层的混合模式为"变亮"，如图 11-52 所示。

图 11-51　　　　　　　　　　图 11-52

步骤 02 在"图层"面板中，选中"图层 1"图层。选择"滤镜"|"模糊"|"动感模糊"命令，打开"动感模糊"对话框。在对话框中，设置"角度"为 -45 度，然后单击"确定"按钮，并设置"图层 1"图层的混合模式为"变亮"，如图 11-53 所示。

213

步骤 03　在"图层"面板中，按 Ctrl 键选中"图层 1"图层和"图层 1 拷贝"图层，并按 Ctrl+E 键合并图层，设置合并后的图层混合模式为"变亮"，如图 11-54 所示。

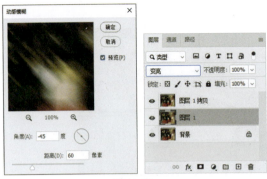

图 11-53

图 11-54

提示内容

当执行完一个滤镜操作后，在"滤镜"菜单的顶部会出现刚使用过的滤镜名称，选择该命令，或按 Ctrl+F 键，可以以相同的参数再次应用该滤镜。如果按 Alt+Ctrl+F 键，则会重新打开上一次执行的滤镜对话框。

步骤 04　在"图层"面板中，单击"添加图层蒙版"按钮为"图层 1 拷贝"添加图层蒙版。选择"画笔"工具，在选项栏中将画笔设置为柔边画笔样式，设置"不透明度"为 30%，然后使用"画笔"工具在图层蒙版中涂抹画面中的人物部分，如图 11-55 所示。

步骤 05　在"图层"面板中，选中"图层 1 拷贝"图层缩览图，选择"滤镜"|"锐化"|"USM 锐化"命令，打开"USM 锐化"对话框。在对话框中，设置"数量"为 110%，"半径"为 5.3 像素，然后单击"确定"按钮，完成效果如图 11-56 所示。

图 11-55

图 11-56

课堂案例 10　制作散景效果

"场景模糊"滤镜可以在画面中的不同位置添加多个控制点，并对每个控制点设置不同的模糊数值，使画面中的不同部分产生不同的模糊效果。

案例要点

- "场景模糊"滤镜

第 11 章　使用滤镜制作特效

操作步骤

步骤 01 打开一幅素材图像，如图 11-57 所示，选择"滤镜"|"模糊画廊"|"场景模糊"命令，打开"场景模糊"工作区。

步骤 02 默认情况下，在画面中央位置自动添加一个控制点，这个控制点是用来控制模糊的位置。在工作区右侧通过设置"模糊"数值控制模糊的强度，如图 11-58 所示。

图 11-57　　　　　　　　　　　图 11-58

步骤 03 继续在画面中单击添加控制点，然后设置合适的模糊数值。需要注意远近关系，越远的地方模糊程度越大，如图 11-59 所示。

提示内容

- "光源散景"选项：用于控制光照亮度，数值越大，高光区域的亮度就越高。
- "散景颜色"选项：通过调整数值控制散景区域的色彩。
- "光照范围"选项：通过调整色阶滑块来控制散景的范围。

图 11-59

课堂案例 11　制作移轴摄影效果

移轴摄影是一种特殊的摄影方式，从画面上看所拍摄的照片效果就像是微缩模型一样。使用"移轴模糊"滤镜可以轻松地模拟移轴摄影效果。

案例要点

- "移轴模糊"滤镜

操作步骤

步骤 01 打开一幅素材图像，选择"滤镜"|"模糊画廊"|"移轴模糊"命令，打开"移轴模糊"工作区，在其右侧控制模糊强度，如图 11-60 所示。

步骤 02 如果想要调整画面中清晰区域的范围，可以按住鼠标拖动中心点的位置，拖动上下两端的"虚线"可以调整清晰和模糊范围的过渡效果，如图 11-61 所示。

215

图 11-60

图 11-61

课堂案例 12　制作大光圈效果

"光圈模糊"滤镜是一个单点模糊滤镜，使用"光圈模糊"滤镜可以根据不同的要求对焦点的大小与形状、图像其余部分的模糊数量以及清晰区域与模糊区域之间的过渡效果进行相应的设置。

案例要点

- "光圈模糊"滤镜

操作步骤

步骤 01　打开一幅素材图像，选择"滤镜"|"模糊画廊"|"光圈模糊"命令，打开"光圈模糊"工作区。在工作区中可以看到画面中添加了一个控制点并且带有控制框，控制框以外的区域为被模糊的区域。在工作区右侧可以设置"模糊"选项以控制模糊的程度，如图 11-62 所示。

图 11-62

第 11 章 使用滤镜制作特效

步骤 02 在画面上，将光标放置在控制框上，可以缩放、旋转控制框。或单击并按住鼠标左键拖动控制框右上角的控制点，即可改变控制框的形状，如图 11-63 所示。拖动控制框内侧的圆形控制点，可以调整模糊过渡的效果，如图 11-64 所示。

图 11-63　　　　　　　　　　　　　　　图 11-64

课堂案例 13　制作铜版雕刻复古海报

使用 Photoshop 设计时，结合滤镜和调色命令可以为素材图像添加特殊的铜版雕刻效果。

案例要点
- 定义图案
- 填充图案
- "波浪"滤镜
- 添加"渐变映射"

操作步骤

步骤 01 选择"文件"|"新建"命令，打开"新建文档"对话框。在对话框中，设置"宽度"和"高度"均为 10 像素，"分辨率"为 72 像素/英寸，"颜色模式"为"灰度"，如图 11-65 所示，然后单击"创建"按钮新建一个正方形文档。使用"矩形选框"工具框选画板上半部分，按 Alt+Delete 键填充黑色，如图 11-66 所示。

步骤 02 取消选区，选择"滤镜"|"模糊"|"高斯模糊"命令，打开"高斯模糊"对话框。在对话框中，设置"半径"为 2.4 像素，然后单击"确定"按钮，如图 11-67 所示。

  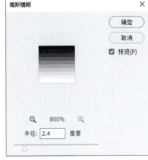

图 11-65　　　　　　　图 11-66　　　　　　　图 11-67

步骤 03 选择"编辑"|"定义图案"命令，打开"图案名称"对话框。在对话框中，设置"名称"为"渐变线"，然后单击"确定"按钮，如图 11-68 所示。

步骤 04 选择"文件"|"新建"命令，打开"新建文档"对话框。在对话框中，设置"宽度"和"高度"均为 2000 像素，"分辨率"为 72 像素/英寸，"颜色模式"为"灰度"，如图 11-69 所示，然后单击"创建"按钮新建一个正方形文档。

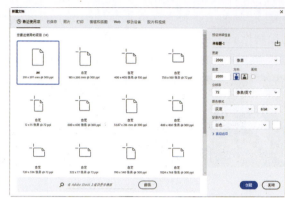

图 11-68　　　　　　　　　图 11-69

步骤 05 在"图层"面板中，单击"创建新的填充或调整图层"按钮，在弹出的菜单中选择"图案"命令，在弹出的"图案填充"对话框中，选择刚创建的图案，然后单击"确定"按钮新建图案填充图层，如图 11-70 所示。

步骤 06 选择"滤镜"|"扭曲"|"波浪"命令，打开"波浪"对话框。在对话框中，选中"正弦"单选按钮，调整"波长"和"波幅"数值，然后单击"确定"按钮，如图 11-71 所示。

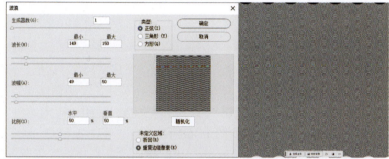

图 11-70　　　　　　　　　图 11-71

 提示内容

"波浪"滤镜可以根据用户设置的不同波长和波幅产生不同的波纹效果。
- "生成器数"文本框：用于设置产生波浪的波源数目。
- "波长"文本框：用于控制波峰间距，有"最小"和"最大"两个参数，分别表示最短波长和最长波长，最短波长值不能超过最长波长值。
- "波幅"文本框：用于设置波动幅度，有"最小"和"最大"两个参数，表示最小波幅和最大波幅，最小波幅不能超过最大波幅。
- "比例"文本框：用于调整水平和垂直方向的波动幅度。
- "类型"选项：用于设置波动类型，有"正弦""三角形"和"方形"3 种类型。
- "随机化"按钮：单击该按钮，可以随机改变图像的波动效果。
- "未定义区域"选项：用来设置如何处理图像中出现的空白区域，选中"折回"单选按钮，可在空白区域填入溢出的内容；选中"重复边缘像素"单选按钮，可填入扭曲边缘的像素颜色。

步骤 07 按 Ctrl+J 键复制图案填充图层，再按 Ctrl+T 键将"图案填充 1 拷贝"图层旋转 90 度，并设置混合模式为"柔光"，如图 11-72 所示。在"图层"面板中，选中全部图层，然后按 Ctrl+E 键合并图层，如图 11-73 所示。

第 11 章 使用滤镜制作特效

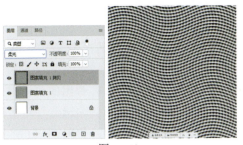

图 11-72　　　　　　　　　　　　　图 11-73

步骤 08 打开人物素材图片,然后将纹理图像拖到人物图像上,并设置其混合模式为"亮光",如图 11-74 所示。

步骤 09 在"图层"面板中选中人物图层,选择"图像"|"调整"|"去色"命令,效果如图 11-75 所示。

图 11-74　　　　　　　　　　　　　图 11-75

步骤 10 在"调整"面板中单击"曲线"选项,在显示的"属性"面板中调整曲线形态,增强人物图像黑白效果对比,如图 11-76 所示。

步骤 11 在"调整"面板中单击"渐变映射"选项,在显示的"属性"面板中设置紫色到黄色的渐变,如图 11-77 所示。然后置入文字版式元素,完成效果如图 11-78 所示。

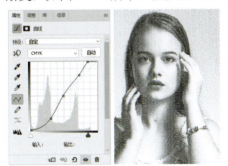

图 11-76　　　　　　　　图 11-77　　　　　　　　图 11-78

课堂案例 14　制作磨砂背景效果

在 Photoshop 中通过滤镜命令制作磨砂背景效果,可以增加画面的设计感和层次感。

案例要点

- "添加杂色"命令

操作步骤

步骤 01 选择"文件"|"新建"命令,打开"新建文档"对话框。在对话框中,选择 A4 大小的文档,然后单击"创建"按钮,如图 11-79 所示。

步骤 02 在"图层"面板中,单击"创建新的填充或调整图层"按钮,在弹出的菜单中选择"渐变"命令。在弹出的"渐变填充"对话框中单击渐变预览,打开"渐变编辑器"对话框。在对话框中,设置一个暗红色到大红的渐变,然后单击两次"确定"按钮,如图 11-80 所示。

图 11-79

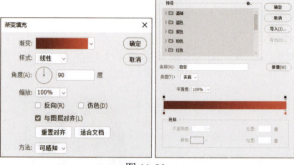

图 11-80

步骤 03 在"图层"面板中,单击"创建新图层"按钮,新建"图层 1",并按 Ctrl+Delete 键填充白色。选择"滤镜"|"杂色"|"添加杂色"命令,打开"添加杂色"对话框,设置"数量"为 155%,选中"单色"复选框,然后单击"确定"按钮。设置图层混合模式为"叠加",如图 11-81 所示。

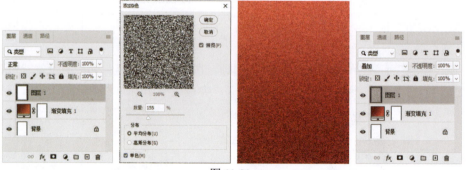

图 11-81

💡 提示内容

"添加杂色"滤镜可以在图像中添加随机的单色或彩色的像素点。打开一幅图像文件,选择"滤镜"|"杂色"|"添加杂色"命令,打开"添加杂色"对话框进行参数设置。设置完成后,单击"确定"按钮。"添加杂色"滤镜也可以用来修缮图像中经过重大编辑的区域。图像在经过较大程度的变形或绘画涂抹后,表面细节会缺失,使用"添加杂色"滤镜能够在一定程度上为该区域增添一些像素,以增强细节感。"添加杂色"对话框中主要选项的作用如下。

- "数量"文本框:用于设置杂色的数量。
- "分布"选项:用来设置杂色的分布方式。选择"平均分布",会随机地在图像中加入杂点,效果比较柔和;选择"高斯分布",会以一条钟形曲线分布的方式来添加杂点,杂点较强烈。
- "单色"复选框:选中该复选框,杂点只影响原有像素的亮度,像素颜色不改变。

步骤 04 按 Ctrl+J 键将"图层 1"复制一层,再按 Ctrl+I 键反相图像,如图 11-82 所示。然后选择"移动"工具,使用键盘上的方向键,向上移动两个像素,再向右移动两个像素,效果如图 11-83 所示。

第 11 章 使用滤镜制作特效

图 11-82

图 11-83

步骤 05 在"图层"面板中,选中"图层 1"和"图层 1 拷贝"两个图层,设置"不透明度"为 40%,完成背景效果的制作,如图 11-84 所示。然后分别置入图像素材,完成效果如图 11-85 所示。

图 11-84

图 11-85

课堂案例 15　制作路面积水效果

利用倒影与环境相呼应,可以构成极具美感的画面。在 Photoshop 中可以模拟倒影,增加画面的美感和趣味。

案例要点

● "云彩"滤镜

操作步骤

步骤 01 打开一幅素材图像,在"图层"面板中,单击"添加新的填充或调整图层"按钮,在弹出的菜单中选择"纯色"命令,新建一个颜色填充图层,如图 11-86 所示。

图 11-86

步骤 02 在"图层"面板中,选中"颜色填充 1"图层蒙版,然后选择"滤镜"|"渲染"|"分层云彩"命令,效果如图11-87所示。

> **提示内容**
> "云彩"滤镜可以使用介于前景色与背景色之间的随机值生成柔和的云彩图案。

步骤 03 按Ctrl+L键,打开"色阶"对话框。在对话框中,拖动输入色阶滑块,调整色阶数值,增强对比效果,如图11-88所示。

步骤 04 在"图层"面板中右击图层,在弹出的快捷菜单中选择"转换为智能对象"命令,按Ctrl+T键调出定界框,调整图像透视效果,如图11-89所示。

图 11-87

图 11-88

图 11-89

步骤 05 在"图层"面板中,单击"添加图层蒙版"按钮添加图层蒙版,然后选择"画笔"工具,设置柔边圆画笔样式,再使用画笔调整图像蒙版效果,如图11-90所示。

步骤 06 在"图层"面板中,选中"背景"图层,复制一层将其置于顶层,按Ctrl+T键调出定界框,再单击浮动选项栏中的"垂直翻转"按钮,然后在"图层"面板中,按Alt键在两个图层之间单击,创建剪贴蒙版,如图11-91所示。

图 11-90

图 11-91

步骤 07 选择"滤镜"|"模糊"|"表面模糊"命令,打开"表面模糊"对话框。在对话框中,设置"半径"为45像素,"阈值"为30色阶,然后单击"确定"按钮,如图11-92所示。再在"图层"面板中,设置"不透明度"为85%,完成效果如图11-93所示。

第 11 章　使用滤镜制作特效

图 11-92

图 11-93

课堂案例 16　制作雨天效果

现实生活中，我们一般无法决定拍摄照片时的天气状况。但使用 Photoshop，我们可以轻松实现天气转变，如在照片中添加下雨的效果。

案例要点

- "添加杂色"滤镜
- 使用"阈值"命令

操作步骤

步骤 01　打开一幅素材图像，并按 Ctrl+J 键复制"背景"图层，如图 11-94 所示。在"图层"面板中，右击"图层 1"图层，在弹出的菜单中选择"转换为智能对象"命令。然后选择"滤镜"|"滤镜库"命令，打开"滤镜库"对话框。在对话框中，选中"艺术效果"滤镜组中的"干画笔"滤镜，设置"画笔大小"数值为 2，"画笔细节"数值为 8，"纹理"数值为 1，如图 11-95 所示。

图 11-94

图 11-95

步骤 02　在"滤镜库"对话框中，单击"新建效果图层"按钮，选择"扭曲"滤镜组中的"海洋波纹"滤镜。设置"波纹大小"为 1，"波纹幅度"为 4，然后单击"确定"按钮，如图 11-96 所示。

步骤 03　在"图层"面板中，单击"创建新图层"按钮新建"图层 2"图层。按 Alt+Delete 键，对"图层 2"图层进行填充，如图 11-97 所示。

223

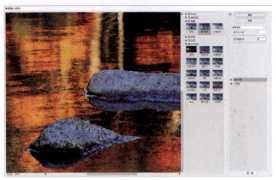
图 11-96

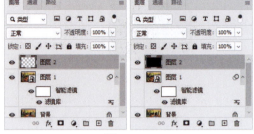
图 11-97

步骤 04 选择"滤镜"|"杂色"|"添加杂色"命令,打开"添加杂色"对话框。在对话框中,设置"数量"为20%,选中"高斯分布"单选按钮,单击"确定"按钮,如图11-98所示。选择"图像"|"调整"|"阈值"命令,打开"阈值"对话框。在对话框中,设置"阈值色阶"数值为80,然后单击"确定"按钮,如图11-99所示。

步骤 05 选择"滤镜"|"模糊"|"动感模糊"命令,打开"动感模糊"对话框。在对话框中,设置"角度"为78度,"距离"为100像素,单击"确定"按钮,如图11-100所示。

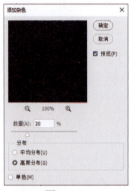
图 11-98

图 11-99

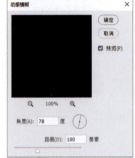
图 11-100

步骤 06 在"图层"面板中,将"图层2"的图层混合模式设置为"滤色"。选择"图像"|"调整"|"色阶"命令,打开"色阶"对话框。在对话框中,设置输入色阶数值为2、1.00、29,然后单击"确定"按钮,如图11-101所示。

步骤 07 选择"滤镜"|"锐化"|"USM锐化"命令,打开"USM锐化"对话框。在对话框中,设置"数量"为150%,"半径"为5像素,"阈值"为0色阶,然后单击"确定"按钮,如图11-102所示。

图 11-101

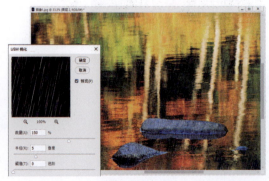
图 11-102

课堂案例 17　制作水墨效果

在 Photoshop 中，通过调整照片色调和图像细节，可以将拍摄的照片处理出水墨画的质感，增强画面的意境。

案例要点

- "最小值"滤镜
- "喷溅"滤镜

操作步骤

步骤 01 打开一幅素材图像，并按 Ctrl+J 键复制"背景"图层，如图 11-103 所示。

步骤 02 选择"图像"|"调整"|"黑白"命令，打开"黑白"对话框。在对话框中，设置"蓝色"为 -130%，"绿色"为 264%，然后单击"确定"按钮，如图 11-104 所示。

图 11-103

图 11-104

步骤 03 选择"选择"|"色彩范围"命令，打开"色彩范围"对话框。在对话框中，设置"颜色容差"为 60，再使用吸管工具在背景区域单击，然后单击"确定"按钮关闭对话框，创建选区，如图 11-105 所示。

步骤 04 选择"图像"|"调整"|"反相"命令，然后按 Ctrl+D 键取消选区，如图 11-106 所示。

图 11-105

图 11-106

💡 提示内容

"反相"命令是调整反转图像中的颜色。用户可以在创建边缘蒙版的过程中使用"反相"命令，以便向图像的选定区域应用锐化和其他调整。

步骤 05 按 Ctrl+J 键两次将当前图层复制两层，并设置最上面的图层混合模式为"颜色减淡"，如图 11-107 所示。

步骤 06 按Ctrl+I键反相图像,选择"滤镜"|"其他"|"最小值"命令,打开"最小值"对话框。在对话框中设置"半径"为1像素,然后单击"确定"按钮,如图11-108所示。

图 11-107　　　　　　　　　　　图 11-108

步骤 07 按Ctrl+E键向下合并一层,关闭"图层1拷贝"图层视图,再选中"图层1"图层。选择"滤镜"|"滤镜库"命令,在打开的对话框中选中"画笔描边"滤镜组中的"喷溅"滤镜,设置"喷溅半径"为7,"平滑度"为4,然后单击"确定"按钮,如图11-109所示。

步骤 08 打开"图层1拷贝"图层视图,设置图层混合模式为"线性加深",如图11-110所示。

图 11-109　　　　　　　　　　　图 11-110

步骤 09 按Shift+Ctrl+Alt+E键盖印图层,生成"图层2"。选择"滤镜"|"滤镜库"命令,在打开的对话框中选中"纹理"滤镜组中的"纹理化"滤镜,在"纹理"下拉列表中选择"砂岩"选项,设置"缩放"为90%,"凸现"为2,在"光照"下拉列表中选择"右下"选项,然后单击"确定"按钮,如图11-111所示。

图 11-111

第 11 章　使用滤镜制作特效

课堂案例 18　制作素描效果

素描是一种常见的绘画技法。但对于没有经过专业学习的人来说，绘制铅笔画是一件困难的事情。通过使用 Photoshop 应用程序，就能让不会绘画的人也可以轻松地将普通数码照片制作成惟妙惟肖的铅笔画效果。

案例要点

- "添加杂色"滤镜

操作步骤

步骤 01 打开一幅素材图像，如图 11-112 所示，按 Ctrl+J 键复制"背景"图层。

步骤 02 选择"图像"|"调整"|"去色"命令，并按 Ctrl+J 键复制图层，生成"图层 1 拷贝"图层。选择"图像"|"调整"|"反相"命令反相图像效果，如图 11-113 所示。

图 11-112

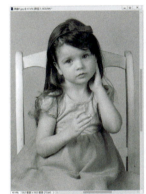

图 11-113

步骤 03 在"图层"面板中，设置"图层 1 拷贝"图层的混合模式为"颜色减淡"。选择"滤镜"|"其他"|"最小值"命令，打开"最小值"对话框。在对话框中，设置"半径"数值为 2 像素，然后单击"确定"按钮，如图 11-114 所示。

> **提示内容**
>
> "最小值"滤镜查找范围内的最低亮度值，并用这个值替换中心像素。这将导致暗区域扩张而亮区域收缩。

图 11-114

步骤 04 在"图层"面板中，双击"图层 1 拷贝"图层，打开"图层样式"对话框。在该对话框中，选择"混合选项"，在"混合颜色带"选项组中，按住 Alt 键拖动"下一图层"滑杆黑色滑块的右半部分至 162，然后单击"确定"按钮，如图 11-115 所示。

步骤 05 在"图层"面板中，按 Ctrl+E 键合并图层。再选中"背景"图层，单击"创建新图层"按钮新建"图层 2"，并按 Ctrl+Delete 键填充白色，如图 11-116 所示。

图 11-115

图 11-116

步骤 06 在"图层"面板中，选中"图层 1"图层，按 Ctrl+J 键复制图层。再单击"添加图层蒙版"按钮，为"图层 1 拷贝"图层的添加图层蒙版，如图 11-117 所示。

步骤 07 选择"滤镜"|"杂色"|"添加杂色"命令，打开"添加杂色"对话框。在对话框中，设置"数量"为 138%，然后单击"确定"按钮，如图 11-118 所示。

步骤 08 选择"滤镜"|"模糊"|"动感模糊"命令，打开"动感模糊"对话框。在对话框中，设置"角度"为 45 度，"距离"为 45 像素，然后单击"确定"按钮，如图 11-119 所示。在"图层"面板中，设置"图层 1 拷贝"图层的混合模式为"划分"，如图 11-120 所示。

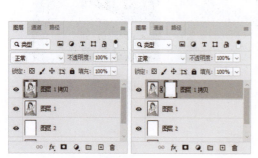

图 11-117　　　　　　　图 11-118　　图 11-119

步骤 09 在"调整"面板中单击"曝光度"选项，打开"属性"面板。在"属性"面板中，设置"灰度系数校正"为 0.25，"位移"为 0.0146，如图 11-121 所示。

图 11-120

图 11-121